Ciencia para la televisión

El documental científico y sus claves

Bienvenido León (coordinador)

José Manuel Azevedo
Enrique Baquero Martín
Miquel Francés i Domènec
Miriam Salcedo de Prado

EDITORIAL UOC

Diseño de la colección: Editorial UOC

Primera edición en lengua castellana: marzo 2010

Rambla del Poblenou 156, 08018 Barcelona
www.editorialuoc.com

Realización editorial: Carrera edició, S.L.
Impresión: Book-print S.L.

ISBN: 978-84-9788-121-0
Depósito legal B.

Bienvenido León (coordinador y autor)
Periodista y doctor en Ciencias de la Información, profesor de las asignaturas de Producción Televisiva y Divulgación Científica Audiovisual, en la Universidad de Navarra. También ha impartido cursos en otras universidades y centros educativos de España, Portugal, Grecia, Argentina, Costa Rica y Ecuador. Sus líneas de investigación se centran en la comunicación de la ciencia en televisión y el documental televisivo. Es autor de los libros *El documental de divulgación científica* (Barcelona, Paidós, 1999), traducido al inglés (Pantaneto Press, 2007) y portugués (Cine-clube Avanca, 2001); y *Dirección de documentales* (Eunsa, 2009), así como de numerosos artículos científicos y divulgativos sobre comunicación, publicados en revistas españolas y extranjeras.

Desde su creación, en 2002 y 2003, respectivamente, es director de los festivales internacionales TeleNatura (www.unav.es/telenatura) y Urban TV (www.urbantvfestival.org). Anteriormente fue director de informativos de la agencia Editmedia TV, coordinador de reportajes informativos de Tele 5 y director de la productora Euroview.

Desde hace varios años, trabaja también como realizador, productor y guionista de documentales y reportajes para televisión. Sus obras han obtenido varios premios, como los de mejor documental en el Festival Internacional de Cartagena de Indias (Colombia) y en el Festival Internacional de Cuzco (Perú).

José Manuel Azevedo
Doctor por la University of Wales College de Cardiff (1995), es profesor asociado del Departamento de Estudios de Comunicación/Sociología, de la Universidade do Porto. Ha sido *Fulbright Scholar* en la Universidad de Texas, en Austin, y *Visiting Scholar* en varias universidades internacionales. Su investigación académica se ha centrado en la compresión pública de la ciencia, el documental científico, la brecha digital y la comunicación de la ciencia. Ha participado en varios proyectos de investigación, tanto en Portugal como a nivel europeo, sobre la representación de la ciencia en los medios, comprensión pública de la ciencia y cultura científica.

Enrique Baquero Martín
Doctor en Biología, se dedica al estudio del medio ambiente, principalmente en su componente de biodiversidad, por su experiencia como taxónomo de insectos y grupos relacionados. Participa en proyectos que utilizan el estudio de la Biodiversidad para el análisis de la calidad ambiental y en la recuperación del medio, desde situaciones alteradas por contaminación o cambio climático. Es asesor científico-técnico –para particulares, empresas y otras entidades– como investigador del Instituto de Biología Aplicada de la Universidad de Navarra (www.unav.es/iba), utilizando la identificación y el estudio de la biología de las especies animales causantes de problemas en agricultura, ganadería, infestaciones, zoonosis, etc. Es profesor de Zoología y Director Académico del Máster en Biodiversidad, Paisajes y Gestión Sostenible en la Facultad de Ciencias de la Universidad de Navarra.

Miquel Francés i Domènec
Responsable del Taller d'Audiovisuals de la Universitat de València (UVEG), profesor titular de Comunicación Audiovisual de la misma universidad y director del máster oficial en Contenidos y Formatos Audiovisuales. También coordina los Servicios Audiovisuales de las Universidades Españolas. Asimismo es responsable de numerosas publicaciones como: *La Comunicación Audiovisual*, *La Producción de Documentales en la Era Digital*, *Las Tecnologías de Producción y Postproducción Audiovisual* o *Hacia un Nuevo Modelo Televisivo*. Como director del Taller de Audiovisuales de la UVEG ha producido numerosos documentales de divulgación científica y vídeos educativos como: *Bajo la Piel del Conflicto*, *Del Roig al Blau*, *Mediterránea Viva*, *Cavanilles: la Historia del Paisaje*, *Los cetáceos del Mediterráneo*, *Valencia y el Ferrocarril*, *Ser Joan Fuster*, o *Darwin como Testigo*.

Miriam Salcedo de Prado
Doctora en Comunicación por la Universidad de Navarra con la tesis "El documental de divulgación científica: técnicas narrativo-dramáticas y retóricas empleadas por Félix Rodríguez de la Fuente en *El hombre y la tierra*" (Premio Extraordinario de Doctorado, 2009). Su labor investigadora se ha centrado en el estudio de la comunicación de la ciencia por televisión. Actualmente está enfocada en la comunicación pública de la ciencia por parte de empresas e instituciones de investigación biomédica. Desde 2004 coordina Telenatura (Festival Internacional de Televisión para la Conservación y Divulgación de la Naturaleza), además de otros congresos y seminarios científicos. Ha participado como ayudante en las asignaturas Narrativa Televisiva y Divulgación Científica Audiovisual en la Facultad de Comunicación de la misma universidad en la que se doctoró. Antes de Licenciarse realizó prácticas profesionales en Canal 4 (Localia Televisión, Navarra), 98.3 Radio (Navarra), TVE (Navarra), Antena 3 (Madrid).

Es miembro del grupo internacional *Public Communication of Science and Technology* (PCST).

Índice

Capítulo II. Coordenadas básicas
Bienvenido León

Capítulo III . El documental científico como enunciado dramático
Bienvenido León

Capítulo IV. El papel de la retórica visual en los documentales sobre ciencia
José Azevedo

Introducción
Un subgénero apasionante

Bienvenido León
Universidad de Navarra

El mercado televisivo de los últimos años ha propiciado un dominio casi absoluto de criterios de rentabilidad económica, que se han impuesto también dentro del género documental. Al mismo tiempo, se ha producido un trasvase de técnicas y modos narrativos entre diferentes géneros televisivos, que ha potenciado la vertiente de entretenimiento de los documentales.

Esta adaptación a las condiciones del medio ha venido apoyándose tanto en recursos narrativos tradicionales como en nuevas formas facilitadas por los desarrollos tecnológicos; muy especialmente la popularización y consiguiente abaratamiento de las herramientas de producción de imágenes de síntesis en dos y tres dimensiones. Con las nuevas técnicas digitales, la ciencia ha podido dar el salto de este modo narrativo, expositivo, adjudicado por su propia naturaleza, a un modo narrativo explicativo, basado en el uso de las técnicas del lenguaje audiovisual de la posmodernidad.

1. Un nuevo documental

En este contexto, el documental parece haber entrado en una nueva etapa, en la que algunos contenidos científicos, tradicionalmente descartados por la televisión, tienen ahora cabida, gracias a las nuevas formas narrativas. Así, los géneros híbridos, en los que se mezclan las características del documental con las de otros tipos de programas, se van imponiendo, en el esfuerzo por conseguir mayores audiencias.

Añadir elementos típicos de otros géneros o formas distintas de las tradicionales (imágenes 3D, dramatización, incorporación de personajes célebres, etc.), supone convertir al documental de contenido científico en un producto entretenido, más atractivo y con capacidad de encontrar nuevos telespectadores y consolidarlos. Además, se trata de recursos con una fuerte componente didáctica. Sin embargo, existe el riesgo de que se gane en entretenimiento y espectacularidad en detrimento del rigor científico. Aunar ciencia y entretenimiento es una fórmula interesante siempre que se mantenga el equilibrio entre ambos.

Entre las funciones tradicionalmente asignadas a la televisión, el entretenimiento domina claramente en la actualidad. La multiplicación de canales ha ido acentuando la lucha por la audiencia, generalmente a través de contenidos con alta capacidad para entretener al público.

En el caso del documental, el entretenimiento a través del espectáculo también ha ido cobrando relevancia en los últimos años, propiciando un proceso de hibridación de géneros, a través del cual la dramatización ha ido cobrando importancia. El documental dramatizado es uno de los modelos que mejor definen esta tendencia.

Este contexto resulta hostil para determinados contenidos, cuyo tratamiento requiere cierta profundidad y cuya misma naturaleza los aleja de planteamientos triviales. Este es precisamente el caso de la ciencia.

Tradicionalmente, la ciencia ha dado a conocer sus resultados a través del soporte escrito, que resulta adecuado para expresar un conjunto de ideas estructuradas de forma lógica y, con frecuencia, sustentadas en conceptos abstractos. Por eso, el proceso de trasladar la ciencia a la televisión no es sencillo, ya que este medio carece de la potencia conceptual de la palabra.

La ciencia apela fundamentalmente a la razón, mediante procesos representativos que utilizan herramientas como la lógica matemática y la experimentación empírica. Por el contrario, la televisión no se limita a intentar llegar a la razón, sino que trata de despertar emociones y sentimientos en el espectador. Además, la ciencia trabaja con grandes cantidades de información detallada, mientras que la televisión prefiere los contenidos ligeros y de poca profundidad. Estas limitaciones han llevado a algunos autores a afirmar que el espectador de televisión no adquiere verdadero conocimiento científico (Calvo Hernando, 1998: 176).

Sin embargo, frente a estas limitaciones, la televisión ofrece algunas fortalezas, entre las que destaca la capacidad de transmitir información de forma amena.

Como consecuencia, algunos programas de televisión intentan comunicar cuestiones científicas tratando de restar peso específico a los valores educativos e informativos, para potenciar los aspectos dirigidos al entretenimiento.

Distintos géneros televisivos han encontrado en la ciencia la materia prima para construir sus discursos. Entre ellos, el documental es, sin duda, uno de los más destacados, por su especial capacidad para comunicar conocimientos y, al mismo tiempo, aprovechar las fortalezas del medio. En el caso del documental, se aprecian una serie de estrategias y técnicas narrativas que intentan compaginar los criterios de eficacia televisiva con el rigor necesario que requiere la comunicación de contenidos científicos.

El libro que el lector tiene en sus manos tiene por objetivo analizar el subgénero del documental científico, en este nuevo contexto. Desde una perspectiva multidisciplinar, intenta aportar criterios que permitan entender mejor los mecanismos narrativos, dramáticos y retóricos en los que se basa la comunicación eficaz de contenidos científicos a través de la televisión.

2. Metodología del estudio

Esta monografía toma como punto de partida un proyecto de investigación sobre el documental científico en Europa, desarrollado conjuntamente por investigadores de cuatro centros españoles (Universidad de Navarra, Universidad Pompeu Fabra, Consejo Superior de Investigaciones Científicas y Universidad de Valencia), y uno de Portugal (Universidade do Porto).

El estudio, desarrollado entre 2005 y 2009, se plantea desde una vertiente interdisciplinar, utilizando el análisis narrativo y retórico, con el fin de presentar las tendencias más relevantes que se perciben dentro de este subgénero, en la última década.

Se ha seleccionado una muestra de 50 documentales de diferentes materias científicas, así como distintos estilos y nacionalidades, producidos después de 2000 (anexo 2). Todos ellos son trabajos de reconocido prestigio entre los profesionales del sector. La selección se ha realizado a partir de entrevistas con expertos, productores y programadores. Todos los documentales seleccionados han recibido, al menos, un premio en un festival internacional.

Esta metodología de selección se ha desarrollado para asegurar que los programas seleccionados constituyen una muestra representativa de documentales de calidad, cuyo análisis pueda realizarse de acuerdo con un amplio rango de principios generalmente aceptados en el ámbito de la comunicación de la ciencia y la teoría sobre los medios de comunicación. A partir de este análisis, es posible extraer datos consistentes y comparables, así como suministrar una sólida base metodológica, desde la que puedan desarrollarse futuros ámbitos de investigación.

El proyecto ha desarrollado una metodología propia para el análisis de los documentales previamente visionados. El análisis parte de las categorías empleadas por León (*El documental de divulgación científica*, Barcelona, Paidós, 1998), en su anterior estudio sobre el documental científico. Se ha realizado siguiendo la ficha que figura en el anexo 1.

Los datos recogidos se agrupan en seis categorías temáticas:

1. Características formales. Uso del sonido, montaje, música, títulos y gráficos. Datos de producción y emisión.
2. Características narratológicas
3. Técnicas narrativas
4. Técnicas dramáticas
5. Técnicas retóricas
6. Proceso de mediación

Aunque un análisis del concepto de documental científico ha sido uno de los resultados de la investigación y será abordado a fondo en el próximo capítulo, a efectos de la presente investigación, y como punto de partida para la selección de la muestra, hemos considerado como documentales científicos aquellos que cumplen dos requisitos:

1. Tratan sobre asuntos centrados en resultados de investigación, hechos o conocimientos relacionados directamente con alguna disciplina de la ciencia o argumentación basada en conocimientos científicos, incluyendo las ciencias naturales, aplicadas y sociales;
2. Muestran explícitamente (en la imagen, la narración o los títulos de crédito), que han contado con la colaboración o el aval de expertos o instituciones científicas, los cuales han participado como fuentes de información o asesores de contenido.

3. Una radiografía del subgénero

Partiendo de esta metodología de análisis, ha sido posible realizar un estudio multidisciplinar, cuyas conclusiones ofrecen una radiografía certera de este apasionante subgénero.

En el primer capítulo, Miriam Salcedo se centra en el concepto mismo de documental de divulgación científica, partiendo de un repaso a los principales modelos teóricos de comunicación de la ciencia. Atendiendo a los modos narrativos más frecuentes, Salcedo realiza una fundamentada y completa propuesta para delimitar el concepto de documental de divulgación científica. Su planteamiento tiene en cuenta la gran diversidad de formas en que la ciencia puede ser comunicada en televisión y las distintas relaciones que pueden establecerse entre el enunciado televisivo y el contenido científico que abordan.

El segundo capítulo –"Coordenadas básicas"– tiene por objetivo contextualizar el documental científico, desde una doble perspectiva, diacrónica y sincrónica. Un breve repaso a la historia del cine científico pone de manifiesto que la ciencia ha sido un contenido destacado, desde el mismo momento en que el medio fue inventado, siendo utilizado como instrumento de investigación por los científicos, y como canal divulgativo para hacer llegar la ciencia hasta una audiencia amplia. El trabajo de los pioneros ha ido desarrollando modos y técnicas que han ido configurando las actuales características de este subgénero.

En la actualidad, la ciencia sigue siendo uno de los temas estrella del documental, ya que se calcula que alrededor del 40% de toda la producción mundial del género aborda contenidos científicos. La multiplicación de canales que se ha producido en las últimas décadas y la aparición de canales temáticos es, sin duda, una de las razones que explican el éxito del documental científico. La gran expansión de los sellos internacionales más populares, como Discovery y National Geographic, indica que el documental científico ha alcanzado un momento de esplendor.

Al igual que en otras parcelas de la producción audiovisual, la tecnología digital ha contribuido a este impulso, haciendo posible que algunas disciplinas científicas, tradicionalmente relegadas de la televisión, hayan podido mostrarse y explicarse, gracias a las imágenes generadas por ordenador.

El tercer capítulo analiza distintas cuestiones narrativas, partiendo de la base de que el documental científico ha sufrido un proceso de adaptación a un contexto televisivo dominado por el entretenimiento. Convertir la ciencia en entretenimiento no resulta sencillo, habida cuenta de que estamos ante dos paradigmas distintos –ciencia y televisión– que de alguna forma son condenados a entenderse, a pesar de contar con planteamientos, objetivos y modos de expresión bien distintos.

Sin embargo, tal como demuestran algunos de los ejemplos analizados, es posible realizar esa adaptación, gracias a algunas técnicas dramáticas que resultan adecuadas no sólo para la ficción, sino también para la no-ficción. Contar historias se convierte así en uno de los recursos de mayor potencial para comunicar la ciencia a una audiencia amplia, ya que hace posible establecer un puente sólido entre los modos de conocimiento de los científicos y los de la gente común y corriente.

Los recursos dramáticos son útiles para seleccionar y enfocar los asuntos científicos, ya que permiten estructurar y ordenar la información, de un modo que resulta interesante y asequible para el público. Gracias a ellos, la ciencia puede constituir una materia prima adecuada para construir programas entretenidos.

El cuarto capítulo analiza los modos argumentativos empleados en el documental de contenido científico. Apoyándose en distintos especialistas en retórica, tanto clásicos como modernos, José Azevedo se adentra en los mecanismos que permiten la identificación del espectador con los asuntos científicos, gracias a la utilización de diversos recursos narrativo-retóricos.

Azevedo argumenta que la eficacia del documental científico no reside únicamente en su capacidad para comunicar información sino también en su habilidad para involucrar a la audiencia transmitiendo valores emocionales. Desde su punto de vista, la imagen de un documental tiene una dimensión retórica que nos permite conectar con las creencias y valores del espectador.

En el quinto capítulo, Bienvenido León y Enrique Baquero presentan los principales resultados de su estudio sobre rigor científico, que forma parte del mismo proyecto de investigación. Dicho trabajo pretende conocer el punto de vista de expertos en los temas tratados, sobre el rigor científico de los documentales analizados.

Los resultados de la encuesta indican que los expertos consideran que los documentales mantienen un buen nivel de rigor científico. Entre los aspectos valorados se encuentran algunos de los que tradicionalmente han sido señalados como carencias en la comunicación de la ciencia, tales como relevancia y profundidad del asunto científico tratado, la precisión del lenguaje y la explicación de los conceptos científicos mencionados. Los aspectos que reciben una valoración más negativa son la representación de los investigadores y del método científico, que han sido consideradas como poco rigurosas.

A pesar de estas carencias, la buena valoración general que han recibido estos documentales demuestra que es posible alcanzar el necesario equilibrio entre calidad comunicativa y rigor científico.

Finalmente, el sexto capítulo se centra en uno de los asuntos más prolíficos dentro del subgénero: el documental sobre la naturaleza. Miquel Francés realiza un detallado repaso de la evolución de esta especialidad documental en el mercado televisivo español de las últimas décadas. En estas páginas se sintetizan las tendencias fundamentales que ha seguido su programación en los distintos canales y se identifican las obras y empresas productoras más relevantes.

Anexo 1
Estudio sobre narrativa del documental científico en Europa

FICHA DE ANÁLISIS

1. Identificación

– Título:

– Duración: .... minutos

– Año de producción: ....

– Productor: ....

– Director: ....

– Guionista: ....

– Empresa productora: ....

– País de origen: ....

– *Recursos y medios de producción.* Nivel: .... (1 alto, 2 medio, 3 bajo)

– *Indicadores de calidad*

- Premios en festivales:

....

....

- Menciones de profesionales:

....

....

....

- Científicos destacados que intervienen e instituciones que lo avalan:

....

....

....

– *Temática científica* (Clasificación UNESCO):

- Tema: .... (...)

- Subtema: .... (...)

– *Sinopsis de la historia o asunto tratado* (100 palabras):

....

....

....

– *Formato:*

☐ 1. serie ☐ 2. doc independiente ☐ 3. doc de autor

☐ 4. dramatizado ☐ 5. con presentador ☐ 6. ....

– *Targets*:

- Nivel cultural: ...... (1 bajo; 2 medio; 3 alto)
- Clase social: ...... (1 baja; 2 media; 3 alta)
- Edad: ...... (1 niños, 2 adolescentes, 3 adultos, 4 todos los públicos)
- Cultura: ...... (1 Público nacional, 2 Público internacional)

– *Modalidad de producción:* ...... (1 coproducción, 2 producción asociada, 3 interna, 4 independiente)

– *Otros datos de interés*:

....

....

....

2. Modo de expresión dominante:

☐ 1. Descriptivo-informativo (exposición de un conjunto de informaciones. No cuenta una historia en el sentido dramático)

☐ 2. Narrativo (relato de hechos organizados cronológicamente. Cuenta una historia)

☐ 3. Relato de experiencias de los propios actores

☐ 4. Argumentativo (tratamiento conceptual de las ideas tratadas)

3. Narración

Posición del narrador:

- Homodiegético: ☐ 1 protagonista, ☐ 2 testigo
- Heterodiegético: ☐ 3 omisciente, ☐ 3 objetivo

Punto de vista:

- Primera persona: ☐ 1 narrador-protagonista, ☐ 2 narrador-testigo, 3 monólogo interior
- Segunda persona: ☐ 4
- Tercera persona: ☐ 5 narrador-ominisciente, ☐ 6 narrador-equisciente,
  ☐ 7 narrador deficiente

Línea narrativa:

☐ 1 Cronológica

☐ 2 *flash back*

☐ 3 *flash forward*

Análisis, ejemplos y citas:

....

....

....

Modo de representación

☐ 1 Expositivo ☐ 2 De observación ☐ 3 Interactivo ☐ 4 Reflexivo

Análisis, ejemplos y citas:

....

....

....

4. Técnicas narrativas

Factores explícitos de interés

☐ 1 Actualidad: ....

☐ 2 Conflicto: ....

☐ 3 Relevancia o impacto público: ....

☐ 4 Interés humano: ....

☐ 5 Proximidad: ....

☐ 6 Rareza: ....

☐ 7 Interés visual: . ...

Simplificación del contenido científico

Nivel de simplificación: ☐ 1 bajo ☐ 2 medio ☐ 3 alto

Explicación de conceptos y términos científicos

☐ 1 Definición de términos científicos

☐ 2 Explicación de conceptos científicos

☐ 3 Explicación de interrelaciones entre conceptos científicos

Análisis, ejemplos y citas:

....

....

....

Contextualización

Nivel de contextualización: ☐ 1 bajo ☐ 2 medio ☐ 3 alto

☐ 1 Ética

☐ 2 Social

☐ 3 Medioambiental

☐ 4 Histórica

☐ 5 Política

☐ 6 Cultural

☐ 7 Multidisciplinar

☐ 8 Geográfica

☐ 9 Otra (especificar: ....)

Análisis, ejemplos y citas:

....

....

....

Antropomorfismo

Nivel de simplificación: ☐ 1 bajo ☐ 2 medio ☐ 3 alto

Análisis, ejemplos y citas:

....

....

Rol de los científicos

☐ 1 Experto

☐ 2 Detective

☐ 3 Guía

☐ 4 Otro (especificar: ....)

Análisis, ejemplos y citas:

....

....

....

Representación de la ciencia

☐ 1 Contextualización sociológica de la ciencia

☐ 2 Relevancia de la ciencia para la vida cotidiana

☐ 3 Naturaleza de la ciencia y del método científico

☐ 4 Cuestionamiento de la ciencia y los científicos

☐ 5 Otro (especificar: ....)

Mediación

Nivel de mediación: ☐ 1 bajo ☐ 2 medio ☐ 3 alto

Tipo de mediación

☐ 1 Narración de hechos con voz *on*

☐ 2 Narración de hechos con voz *off*

☐ 3 Entrevista

☐ 4 Discusión en grupo

Niveles de expresión

Didáctico: ☐ 1 bajo ☐ 2 medio ☐ 3 alto

Científico: ☐ 1 bajo ☐ 2 medio ☐ 3 alto

Divulgativo: ☐ 1 bajo ☐ 2 medio ☐ 3 alto

Entretenimiento

Nivel de importancia del entretenimiento: ☐ 1 bajo ☐ 2 medio ☐ 3 alto

Elementos de entretenimiento

☐ 1 personalidades

☐ 2 imágenes

☐ 3 historias

☐ 4 anécdotas, curiosidades

☐ 5 otros: ....

Análisis, ejemplos y citas:

....

....

....

5. Tratamiento audiovisual

Imagen

Origen

☐ 1 Propia ☐ 2 Archivo

Contenido

☐ 1 Imagen registrada *ex profeso* ☐ 2 reconstrucción

☐ 3 dramatización ☐ 4 de síntesis (2-D, 3-D)

Análisis, ejemplos y citas:

....

....

....

Sonido

☐ 1 Narración en *off* ☐ 2 Narración *in* ☐ 3 Sonido no sincrónico

☐ 4 Sonido ambiente ☐ 5 Efectos sonoros (efectos sala) ☐ 6 Música

Análisis, ejemplos y citas:

....

....

....

Montaje

Según la totalidad del relato

☐ 1 narrativo o clásico ☐ 2 ideológico ☐ 3 creativo o abstracto

Según la escala y duración del plano:

☐ 1 analítico ☐ 2 sintético

Análisis, ejemplos y citas:

....

....

....

6. Técnicas dramáticas

Historia

Resumen de la historia (200 palabras)

....

....

....

....

Tipo de historia

☐ 1 búsqueda de la verdad ☐ 2 misión científica

☐ 3 viaje o expedición ☐ 4 ciclo de la vida

☐ 5 científico-héroe contra el mal ☐ 6 otro: ....

Línea de tiempo (división por bloques)

1. desde: ...., hasta: ....
2. desde: ...., hasta: ....
3. desde: ...., hasta: ....
4. desde: ...., hasta:..

5 desde: ...., hasta: ....

6 desde: ...., hasta: ....

Gráfico de tensión narrativa

Descripción del protagonista

....

....

....

....

Descripción del antagonista

....

....

....

....

....

Descripción del conflicto

....

....

....

....

....

Tipo de conflicto

☐ 1 individuo contra sociedad ☐ 2 individuo contra individuo

☐ 3 grupo contra grupo ☐ 4 otro: ....

Suspense

☐ *1 existe* ☐ *2 no existe*

Nivel: (1 alto, 2 bajo, 3 medio)

Análisis, ejemplos y citas:

....

....

....

7. Técnicas retóricas

Creación de comunidad de intereses (alusiones explícitas)

....

....

....

....

Género retórico

☐ 1 judicial ☐ 2 deliberativo ☐ 3 demostrativo

Tipo de argumentación

☐ 1 Analogía ☐ 2 Ejemplo ☐ 3 Autoridad

☐ 4 Verosimilitud ☐ 5 Estadística

Análisis, ejemplos y citas:

....

....

....

Figuras retóricas

De pensamiento

Análisis, ejemplos y citas:

....

....

....

De dicción

Análisis, ejemplos y citas:

....

....

....

Anexo 2
Muestra de documentales analizados

	Titulo	Empresa productora	País de producción
1	La marche de l'Empereur	Bonne Pioche	Francia
2	A little fish in deep water	Deeble-Stone	Reino Unido
3	The great dance. A Hunter's story	Off the Fence	Holanda
4	The Eagle Odyssey	RSPB	Reino Unido
5	Cannibal Mites	Mona Lisa	Francia
6	Giant Claw	BBC	Reino Unido
7	Blue Planet (Introduction)	BBC	Reino Unido
8	Elephant, Emperor & the Butterfly Tree	OSF	Reino Unido
9	Lynxes, Tigers and Sirenians	NDR Naturfilm	Alemania
10	H2O	TVE	España
11	Living with bugs	OSF	Reino Unido
12	First Flight	ZDF	Austria
13	La guerra del tigre	Transglobe	España
14	Europe. A natural History	ORF-ZDF-BBC	Austria-Reino Unido-Alemania
15	Mimetic	New Atlantis	España
16	Walking with dinosaurs	BBC	Reino Unido
17	Di baiser au bébé	Mona Lisa	Francia
18	E=mc^2. Une biographie de l'equation	Nova-Arte	EEUU-Francia
19	Infiniment courbe	Pandora	Francia
20	L'Empire des nombres	Arte	Francia
21	Darwin et la sciece de l'evolution	Transeurope	Francia
23	The human Mind	BBC	Reino Unido
24	Fabricando el hombre perfecto	BBC	Reino Unido
25	Primates. La llegada de los monos	BBC	Reino Unido
26	Las montañas del lobo	Bitis	España
27	L'odyssée de l'espèce	17 Juin	Francia
28	Neanderthal	Wall to wall	Reino Unido
29	D-Day	BBC	Reino Unido
30	Las cajas españolas	Drop a star	España

31	Pompeii. The Last Day	BBC	Reino Unido
32	The French Revolution	Partisan pictures	EEUU
33	Egipt. Rediscovering a Lost World	BBC	Reino Unido
34	Casas Viejas. El grito del sur	La linterna mágica	España
35	Das drama von Dresden	Broadview TV-ZDF	Alemania-Austria
36	Bajo la piel del conflicto	Universidad de Valencia	España
37	The white diamond	Marco Polo	Francia
38	The Human Body	BBC	Reino Unido
39	The Queen of Trees	Deeble-Stone	Reino Unido
40	End day	BBC	Reino Unido
41	The life of mammals	BBC	Reino Unido
42	Francesc Boix, un fotógrafo en el infierno	Área de televisión	España
43	Les Mysteres de Clipperton	Gedeon	Francia
44	Opération lune	PDJ production	Francia
45	Homeopathy	BBC	Reino Unido
46	Mones com la Bequi	Els quatre gats	España
47	Beethoven's Hair	Dor Film	Alemania
48	Black Holes	Pioneer Productions	Reino Unido
49	The body stowaways	DR	Alemania
50	Nano - the next dimension	Ex -Nihilo	Francia

Capítulo I

Hacia una definición de documental de divulgación científica: subgénero destacado para la comunicación de la ciencia

Miriam Salcedo
Universidad de Navarra

1. Introducción

La noción de documental de divulgación científica implica, *a priori*, la elección de un medio, unas prácticas y unos objetivos concretos que persiguen poner el conocimiento especializado al alcance de cualquiera. Para comprender esos procedimientos y su relevancia social resulta preciso abordar en qué consiste la comunicación pública de la ciencia, una cuestión que ha virado 180º en poco más de un siglo. Esta transformación se debe al paulatino surgimiento de nuevas vías de transmisión para llegar al público, directamente provocadas por la evolución de los procesos científicos y tecnológicos (la llegada de la televisión sería el suceso capital a este respecto, muy seguido de los efectos –y lo que queda por llegar– de la presente era digital). En consecuencia, este progreso tecno-científico se traduce, a su vez, en la variación de los sistemas de comunicación que, adaptándose a una nueva sociedad –resultado también de estos avances–, han experimentado importantes cambios en sus modelos, géneros y objetivos. Así, durante las dos últimas décadas, la divulgación científica se ha convertido en una disciplina en continuo crecimiento, tanto en la práctica como en la investigación (Burns, O'Connor y Stocklmayer, 2003: 183). Uno de sus principales motivos, como explica Nelkin (1990: 19), es la necesidad de facilitar a las personas el acceso a un conocimiento especializado, ya que con frecuencia se enfrentan a decisiones y elecciones –tanto de repercusión pública como privada– que requieren cierta comprensión científica.

Partiendo de esta dinámica situación, un breve acercamiento a los modelos de transmisión de la ciencia permite comprender esta disciplina en auge y establecer los nuevos propósitos a los que se dirige la actual divulgación de la ciencia. Tras conocer estas finalidades, el siguiente paso pretende demostrar que la televisión es el medio con mayor potencial difusor de información científica –pese a sus inherentes limitaciones–. Igualmente, este apartado muestra por qué el documental es el género preferido por los espectadores para acceder a la ciencia, una predilección que convierte al documental de divulgación científica en el proveedor más eficaz de las herramientas necesarias para enfrentarse a un contexto protagonizado por los avances científicos.

2. Modelos de comunicación pública de la ciencia

Durante siglos el conocimiento científico perteneció en exclusiva a las élites intelectuales. Sin embargo, ya a finales del siglo XVII se reconoció un mayor interés social por la ciencia, diferenciándose así dos tipos de públicos a los que debía dirigirse la información: los sabios –hasta el momento, únicos dueños del saber– y la población culta. Para satisfacer a cada uno de estos grupos, durante las siguientes décadas se estableció una doble narrativa –cada vez más diferenciada– en la que se distinguió entre un discurso especializado, restringido a la comunidad científica, y otro encaminado al público educado. Sin embargo, como recuerda Bucchi, hasta la segunda mitad del siglo XIX no se puede hablar de una comunicación global de la ciencia "explícitamente dirigida por sus autores no solo a audiencias específicas sino al público en general" (1998: 2). Por tanto, a partir de este momento, los intentos de transmisión del saber experimentarán modificaciones que, paulatinamente, acercarán el conocimiento especializado hasta el gran público para conformar la actual comunicación pública de la ciencia.

2.1. Modelo de déficit: sistema dominante e insuficiente

La inicial relación comunicativa entre los científicos y la sociedad –sugerida por Bucchi–, se conoce como "explicación canónica" (*canonical account*) o "creencia dominante" (*dominant view*)[1]. Hasta, prácticamente, finales del siglo XX este modelo protagonizó los intentos de los expertos por acercar el conocimiento especializado al público profano. De este modo, adoptaron este sistema para allanar la complejidad científica, aunque hasta el punto de eliminar su inherente esencia, produciendo, así, la transmisión de una información imprecisa, incorrecta e inapropiada. Por tanto, pese a la intencionalidad divulgativa de los expertos, su afán por difundir el conocimiento especializado a través de este modelo resulta inadecuado para la comunicación pública de la ciencia actual. Myers, por ejemplo, se opone a esta originaria corriente por representar un proceso unidireccional de simplificación en el que el texto científico es el "prototipo de conocimiento", que resulta "degradado" en su traducción destinada a un público general indocto en la materia (2003: 265). En la misma línea crítica se sitúa Hilgartner quien considera que esta "creencia dominante" se basa en la "idealizada noción de pureza", autenticidad y legitimidad del saber científico frente al resultado de su popularización. Así, el investigador norteamericano rechaza la teoría de que en la divulgación de la ciencia se lleve a cabo una simplificación que "distorsione" las "verdades originales" (1990: 519).

Estudios recientes han tratado de identificar las características de esta tendencia comunicativa con pretensiones de enriquecer al gran público con el conocimiento científico[2], pero con un resultado muy poco fructífero. Sobre este –según Wynne– "modelo de déficit" (1995) se han planteado varios supuestos en los que coinciden gran parte de los investigadores:

1. Este punto de vista canónico ratifica la doble tipología discursiva: una exclusiva del ámbito científico y otra más popular destinada al gran público.

---

1. El término "explicación canónica" fue introducido por Shapin (1990). Hilgartner lo sustituye por "opinión dominante" (1990), mientras que otros como Dornan (1990) o Väliverronen (1993) emplean "cuestión dominante" (*dominant concern*) y "modelo divulgativo" (*popularization model*) respectivamente.
2. Además de los ya citados se pueden encontrar trabajos como el de Sarah R. Davies (2008), Steve Miller (2001), Bernadette Bensaude-Vincent (2001), Reiner Grundmann y Jean-Pierre Cavaillé (2000).

2. Las verdaderas autoridades para comunicar la ciencia son los expertos y las instituciones.
3. La esfera pública ignora las cuestiones científicas. El público está homogéneamente desinformado en temas relacionados con la ciencia[3].
4. Los expertos y la audiencia profana están profundamente distanciados.
5. El conocimiento es unidireccional: del ámbito científico a la sociedad.
6. La divulgación científica es una "traducción" de las investigaciones de los expertos para el entendimiento de un público indocto.
7. En la "traducción" de un discurso a otro, la información no solo cambia de forma, sino que el contenido queda afectado por una excesiva simplificación, distorsión y "vulgarización"[4].
8. El verdadero conocimiento es el científico, su adaptación al gran público falsea la realidad.
9. El propósito de la divulgación científica es promocionar la ciencia creando interés por ella en el gran público.
10. Los expertos principalmente divulgan para conseguir más soporte y financiación para sus investigaciones.

Tras la detección de estas peculiaridades, la validez del sistema "dominante" ha sido puesta en duda por los académicos e investigadores de la comunicación pública de la ciencia, quienes contradicen, sobre todo, su unidireccionalidad, su finalidad, el papel de los participantes (científicos y público) y sus rebajadas formas discursivas. Moirand (1997) y Gülich (2003), por ejemplo, argumentan que la divulgación científica no es una transferencia de conocimiento de una sola vía, un proceso lineal, sino más bien dialógico y dinámico, donde el público conoce más de lo que los científicos estiman. Ciapuscio (1997: 27) se suma a este planteamiento haciendo hincapié en la importancia de la interacción entre científicos e intermediarios (como los periodistas) en la eficaz comunicación de la ciencia. En un contexto actual en el que el conocimiento científico se ha vuelto aún más especializado y complicado como para ser entendido por el gran público, Bucchi, entre otros expertos, apunta la necesidad de un proceso intermedio de adaptación de las cuestiones científicas entre los expertos y la sociedad:

3. En el ámbito académico se alude a este aspecto del público refiriéndose a él como una "tabula rasa" (*blank slate*) respecto a los conocimientos científicos.
4. Su formulación original, procedente del francés, implica un sentido peyorativo aún mayor.

Se necesita una forma de mediación para hacer los éxitos científicos más apropiados y accesibles para el público. Esta mediación requiere la intervención de la figura de un nuevo profesional: una "tercera persona" (generalmente, el periodista científico) capaz de salvar la distancia entre científicos y comunicar sus ideas a los últimos (Bucchi, 1998: 3).

A través de estos estudios queda patente que la fórmula "canónica" no satisface las necesidades modernas para una correcta comunicación de la ciencia y que, por tanto, se requieren nuevos métodos para estrechar la relación entre el público contemporáneo y los científicos, algo que trata de remediar el "modelo dialógico".

2.2. Modelo dialógico: buscando la simetría

La insatisfacción del, hasta finales de la década de los noventa, "modelo dominante" alentó nuevas investigaciones como las de Wynne (1995) o Miller (2001: 117). Estos académicos sugieren en sus estudios la configuración de un nuevo planteamiento más acorde con la situación actual: el llamado "acercamiento contextual" (*contextual approach*). Según Gross, las características de esta propuesta se adaptan mejor al emergente entorno comunicativo y a los nuevos productores y receptores de la información especializada:

> El modelo de déficit es asimétrico: representa la comunicación como un flujo unidireccional de la ciencia a su público (...). El modelo contextual explora las ramificaciones de una muy diferente metáfora de base: la interacción entre la ciencia y sus públicos. En consecuencia, el modelo contextual es simétrico. Representa la comunicación como un flujo bi-direccional entre la ciencia y sus públicos. El modelo contextual implica un público activo: requiere una retórica de construcción en la que el entendimiento del público es la creación compartida de conocimiento científico y local. (...) En este modelo, la comunicación no es solamente cognitiva; las preocupaciones éticas y políticas también son relevantes (Gross, 1994: 6).

Este acercamiento contextual es reconocido por otros autores como el "modelo dialógico" (*dialogue model*) (Trench, 2008: 119) o "democrático" (*democratic model*) (Durant, 1999) de la comunicación de la ciencia entre expertos y el público. Tal como señala Trench –sumándose al planteamiento de Gross– la simetría de la nueva fórmula se adapta mejor a la sociedad actual al promover un entendimiento mutuo, un intercambio de información que beneficia tanto a los científicos como al gran público (Trench, 2008: 125).

Además de estas particularidades señaladas, de investigaciones como las de Grundmann y Cavaillé (2000), Bensaude-Vincent (2001) y Alcíbar (2004), también se extraen importantes variaciones en el nuevo proceso de transmisión de la ciencia. Así, estos autores coinciden en que el punto de vista contextual mantiene la doble necesidad discursiva entre el ámbito científico y el gran público; sin embargo, introduce el tercer agente propuesto por Bucchi (1998: 3) –el comunicador especializado o *boundary spanner*[5]– para mediar entre los expertos y la audiencia.

La nueva situación creada por el avance científico también ha provocado la aparición de nuevos públicos, ya que, como explicita Myers, "los expertos se vuelven menos expertos tan pronto como salen de su limitada área de experticia" (2003: 268). Por consiguiente, la evolución de la ciencia en el siglo XX ha ido acompañada de nuevas vías de especialización cuyo resultado se traduce en la aparición de un público cada vez más heterogéneo. Por tanto, la audiencia actual para la que se divulga no debe considerarse –tal como sugiere Paul– únicamente constituida por "las masas ignorantes" y los especialistas, sino también por "los eruditos amateur y el científico ligeramente menos experto" (2004: 36). Así, en la comunicación de la ciencia aparece una diversidad de receptores, cada uno con sus "necesidades, intereses, actitudes y nivel de conocimiento" (Burns, 2003: 184). Entre esta audiencia compleja se pueden detectar, al menos, siete grupos:

1. Científicos especialistas.
2. Científicos de otras áreas.
3. Mediadores: comunicadores (comunicadores científicos o especializados y otros miembros de la industria mediática), educadores (universidades y escuelas), creadores de opinión, instituciones científicas, educativas (museos y otros centros divulgativos) y gubernamentales.

5. El creciente interés por la ciencia ha llevado a crear una nuevo rol profesional dentro de industria del entretenimiento: el *boundary spanner*. Del estudio propuesto por David Kirby (2008: 166-167) se extrae que en el ámbito audiovisual opera este experto cuya habilidad consiste en facilitar la comunicación entre la ciencia y el público, interviniendo entre la comunidad científica y los medios. Así, el *boundary spanner* es un especialista que obtiene la información científica, la sintetiza y la traduce, en este caso, al lenguaje cinematográfico y televisivo.

4. Los que toman decisiones: aquellos que trazan políticas en el Gobierno e instituciones científicas y educativas.
5. Público atento: población interesada en la ciencia y, razonablemente, bien informada.
6. Público interesado: personas interesadas en la ciencia, pero no necesariamente bien informadas.
7. Público indocto: sin formación ni interés[6].

Estos públicos constituyen la sociedad a la que se dirige el reciente modelo de comunicación de la ciencia. Vista la pluralidad de audiencias, la nueva fórmula requiere a su vez de un tratamiento específico de la información especializada en pro de una comunicación útil para cada uno de los posibles receptores. Para lograr este objetivo, a diferencia del modelo canónico en el que el texto se "degrada" y se sobre-simplifica, este enfoque dialógico sugiere una selección, redirección, adaptación y recreación del conocimiento especializado, es decir, un proceso de "recontextualización" (Alcíbar, 2004: 45) del discurso científico. En este procedimiento resulta necesaria una adecuada simplificación (lingüística, temática, etc.) que, junto a otras herramientas narrativo-retóricas encaminadas a captar la atención del público y su deleite, beneficien la compresión social de la ciencia y así fomenten una actitud crítica con la que contribuir verdaderamente al progreso científico. Sintetizando éstas y las diversas aportaciones académicas en torno a la transmisión pública de la ciencia, se extraen las principales pautas configuradoras de este modelo dialógico:

1. Este punto de vista contextual mantiene la diferencia discursiva entre el ámbito científico y el público general, pero teniendo en cuenta la multiplicación de públicos y agentes productores de ciencia.
2. El desconocimiento público de la ciencia es heterogéneo.
3. Aumentan las autoridades en la comunicación de la ciencia: comunicadores científicos o especializados, *boundary spanners*, educadores, expertos e instituciones.
4. El conocimiento es bidireccional, dialógico, entre el ámbito científico y la sociedad.

6. Esta clasificación de públicos es resultado de las aportaciones de diversos autores como Terry W. Burns (2003: 184), Jon Miller (1992) y Jean-Marc Levi-Leblond (1992).

5. La relación entre expertos y la audiencia es más cercana y directa.
6. La divulgación científica es una "recontextualización" de las investigaciones de los expertos para el entendimiento de una audiencia global.
7. La "recontextualización" resulta de una adecuada simplificación del contenido científico, en combinación con otras herramientas narrativo-retóricas.
8. El verdadero conocimiento es el que favorece el progreso científico.
9. Al propósito promocional de la divulgación científica se le añade el de educar, concienciar, interesar y crear opinión pública en torno a la ciencia.
10. Además de divulgar para conseguir más soporte y financiación, los expertos buscan reconocimiento profesional y mediático por la difusión de sus investigaciones.

Varios estudios apoyan la condición dominante de este modelo de diálogo en el que se desarrolla la actual comunicación de la ciencia. Sin embargo, la citada reciente investigación de Trench (2008) identifica una nueva posibilidad emergente que reúne las peculiaridades de los modelos anteriores y añade el resto de estrategias que considera posibles en la comunicación de la ciencia: un modelo de "participación" (*participation model*).

2.3. Modelo de participación: una propuesta multidireccional

Esta fórmula no resulta jerárquicamente superior a las dos anteriores, sino que, según Trench (2008), cada una tiene una utilidad en función de las circunstancias. Con esta idea el investigador irlandés resume la teoría de la comunicación pública de la ciencia en tres modelos dominantes:

Déficit. La ciencia es transmitida por los expertos a una audiencia que se detecta como deficiente en conciencia y conocimiento.

Diálogo. La ciencia es comunicada entre científicos, sus representantes y otros grupos, unas veces para averiguar cómo la ciencia puede diseminarse de manera más eficaz, y otras para consultar unas aplicaciones específicas.

Participación. La comunicación sobre ciencia se produce entre grupos diversos, partiendo de la base de que todos contribuyen y que todos están interesados en el resultado de las deliberaciones y discusiones (Trench, 2008: 131-132).

La citada recapitulación de estas fórmulas comunicativas insiste en la particular direccionalidad de cada una de ellas. Así, el académico resalta que mientras las dos primeras resultan "esencialmente lineales" (en una o dos direcciones), la última es "multidireccional (entre los expertos y el público y entre los distintos públicos entes sí) (Trench, 2008: 131-132).

Cuadro 1. Modelos de divulgación científica dominantes

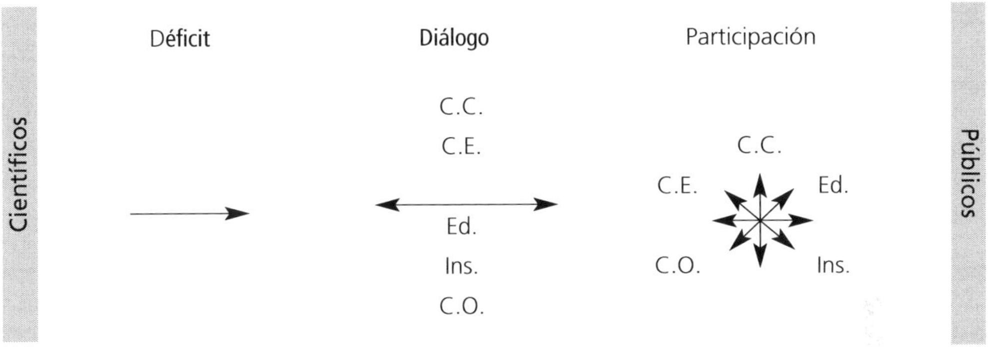

Elaboración propia[7]

Este último modelo, en otras palabras, prioriza la consideración de los distintos públicos ante la elaboración del mensaje científico. De este modo, en la comunicación de la ciencia, el emisor –bien sea el científico, el comunicador especializado, una institución o cualquier otro agente– ha de ser consciente del contexto en el que pretende transmitir su conocimiento para lograr un entendimiento lo más global posible. Pero, ¿cómo lograr esa eficacia en la comunicación pública de la ciencia? Tratar de definir las peculiaridades de esta nueva disciplina nos va a permitir conocer algunas claves para lograrlo.

2.4. Convergencia de los modelos en una posible definición para la comunicación pública de la ciencia

En el año 2005 un informe de la Comisión Europea enfocado al estudio de la actitud de los europeos hacia la ciencia y la tecnología, ratificó el creciente inte-

7. C.C.: Comunicador científico; C.E.: Comunicador Especializado; Ed.: Educadores; Inst.: Instituciones; C.O.: Creadores de opinión.

rés de los ciudadanos por el conocimiento científico. El resultado de la investigación evidenció la latente preocupación de los europeos por las cuestiones complejas, al mismo tiempo que mostró un implícito incremento en la demanda de información específica (European Commission, 2005: 125). Esta publicación reflejó la larga gestación de unas necesidades sociales surgidas por el acelerado ritmo de la actividad científica en las últimas décadas. En otras palabras, tal como analiza Classens, "los europeos quieren información sobre ciencia y tecnología, quieren estar involucrados y quieren participar en las decisiones" (2008: 36). Así, considerar los resultados de este estudio parece reafirmar la concordancia del citado modelo de "participación" con la surgida heteregoneidad de agentes implicados en la comunicación.

La consecuencia capital del creciente interés por la ciencia y las peculiaridades de un contexto social cambiante, se concreta en una única necesidad: la excelencia en la comunicación pública de la ciencia. Por tal motivo, como ya se ha anunciado, este reto ha alcanzado el rango de disciplina y se ha convertido en un área en la que su práctica e investigación están en constante evolución. Así, diversos estudios han tratado de explicar en qué consiste este método comunicativo tras verse afectado por, en palabras de Kuhn, la "revolución científica" (1970: 92-110). Un logrado intento de establecer una contemporánea definición de esta disciplina es el planteado por Burns, O'Connor y Stocklmayer, cuya propuesta ofrece una de las definiciones más completas: "La comunicación científica se define como el uso apropiado de herramientas, medios, actividades y diálogos para producir una o más de las siguientes respuestas personales a la ciencia (...): conciencia, diversión, interés, formación de opinión y entendimiento" (2003: 183). Esta nueva explicación manifiesta la necesidad de configurar una "masa crítica para crear una comunidad científica y diseminar la información" (Paul, 2004: 34), respondiendo, así, al progresivo interés de la población por involucrarse en los avances científicos. Tal como se aprecia en la citada definición, entre las mencionadas "respuestas personales"[8] resalta la provocación del afecto del público hacia la ciencia, además de suscitar su interés y preocupación. Gracias a estas cuestio-

8. Burns, O'Connor y Stocklmayer agrupan las "respuestas personales" en lo que llaman "la analogía de la vocales", es decir, lo que originalmente proponen como "*the AEIOU vowel analogy*": "***A**wareness of science; **E**njoyment or other affective responses to science; **I**nterest in science; the forming, reforming or confirming of science-related **O**pinions (or attitudes); and **U**nderstanding of science*" (2003: 183 y 190) (cursiva y negrita del original).

nes se logra conformar una opinión y un completo entendimiento de la era científica actual, es decir, satisfacer la exigida vinculación del público profano con la ciencia. Por consiguiente, se fortalece –una vez más–, la justificada evolución de los modelos de comunicación, llegando así a favorecer la participación de todos los agentes en la comunicación.

Ante estos nuevos propósitos de la transmisión pública de la ciencia, los expertos reconocen el enorme poder de los medios de comunicación como agentes que influyen directamente en el público. En concreto, destacan el potencial de la televisión, en la que el documental representa el género más ventajoso. Así, un acercamiento a la televisión, como ventana preferida por el público para acceder a la ciencia, posibilita comprender los motivos por los que el género documental resulta la conjugación ideal para presentar el contenido especializado de forma efectiva, es decir, inteligible, atractivo y fiel a la verdad científica. De este modo, combinando este formato con la ciencia, el siguiente apartado desemboca en una posible clarificación de las peculiaridades del documental de divulgación científica: un poderoso medio para comprender la ciencia.

3. El documental televisivo como género preferido por los europeos para la comunicación científica

En 2007 la Comisión Europea elaboró un nuevo informe sobre el punto de vista de los investigadores respecto a los medios de comunicación (European Commission, 2007a). En este estudio los científicos admiten el gran influjo que la industria mediática tiene en la sociedad. Sin embargo, también creen en la obligada responsabilidad de educar que poseen. Por lo tanto, consideran que el modo de mejorar la cobertura y la percepción pública de la ciencia consiste en que los medios estén provistos de correctos mensajes científicos, sepan manejarlos y se comprometan a difundirlos con propiedad (European Commission, 2007a: 29). Fjaestad coincide con esta afirmación, ya que, a su parecer, "la responsabilidad social de informar y educar al público solo puede lograrse por medio de una estrecha e íntima (...) cooperación entre científicos y comunicadores" (2007: 123).

Dentro de los sistemas de comunicación posibles, otro reportaje especial sobre la ciencia en los medios –también ofrecido por la Comisión Europea– identificó a la televisión como el preferido por los europeos, y al que conceden mayor fiabilidad para obtener información especializada (European Commission, 2007b: 45). Así, con un 47% se situaba a la cabeza, separada por una considerable distancia de otras fuentes como periódicos, Internet, radio o revistas. Si la cuestión aludía a qué medio otorgaban mayor confianza tanto en primer como en segundo lugar, los resultados apuntaban, igualmente, al televisor como el favorito con un 68% de la población a favor.

Cuadro 2. Especial Eurobarómetro 2007

Medio preferido		*Primer y segundo medio preferido*	
Televisión	→ 47 %	Televisión	→ 68 %
Periódicos	→ 16 %	Periódicos	→ 41 %
Internet	→ 12 %	Radio	→ 26 %
Revistas	→ 9 %	Internet	→ 23 %
Radio	→ 9 %	Revistas	→ 21 %
Otros	→ 7 %	Otros	→ 8 %

Elaboración propia con datos de la Comisión Europea (*European Commission*, 2007b)

Dos años después, otro estudio titulado *Los europeos en el 2009* , ha corroborado que esta población elige la pequeña pantalla como vía principal para obtener información sobre ciencia (European Commission, 2009: 129). Así, cerca de dos tercios de los europeos (63%) optan por la televisión como el medio al que otorgan –en primer o segundo lugar– mayor confianza respecto a su labor informativa sobre cuestiones científicas. Seguidamente, en términos de fiabilidad del medio, aparece la prensa (43%) y la radio (31%). Poco menos de un cuarto de los europeos (22%) accede a Internet como su medio favorito y apenas otorgan confianza a las revistas (8%). El análisis de estos resultados, respecto al estudio de 2007, demuestra que, aunque la predilección de los europeos por la televisión ha experimentado un ligero descenso, continúa manteniéndose en lo alto de la pirámide mediática a una destacada distancia de los demás.

Teniendo en cuenta las indicaciones presentes en estos estudios, también se extrae otra cuestión de gran relevancia: la mayor parte de los europeos eligen los documentales para informarse sobre ciencia. Así, uno de los objetivos de estas encuestas se resuelve constatando que la mayoría de los ciudadanos de la UE (un

Cuadro 3. Especial Eurobarómetro 2009

Primer o segundo medio preferido

Televisión	→	63 %
Periódicos	→	43 %
Radio	→	31 %
Internet	→	22 %
Revistas	→	8 %
Otros	→	18 %

Elaboración propia con datos de la Comisión Europea (*European Commission*, 2009)

51%) señalan en primer lugar los documentales "como el mejor formato para presentar la información científica" (European Commission, 2007b: 55). Muy por debajo se encuentran otros programas como los educativos, de debates, de entretenimiento y otras series de televisión.

Cuadro 4. Especial Eurobarómetro 2007

Programas preferidos para informar sobre ciencia

Documentales	→	51 %	Entretenimiento	→	6 %
Educativos	→	9 %	Docu-dramas	→	5 %
Debates	→	9 %	Dibujos	→	1 %
Series TV	→	7 %	Otros	→	12 %

Elaboración propia con datos de la Comisión Europea (*European Commission*, 2007b: 55)

Más de la mitad de los científicos europeos entrevistados en 2007 consideraron que, pese al enorme potencial de la televisión, resulta muy difícil divulgar con rigor la ciencia por este medio dadas sus intrínsecas peculiaridades, como la tendencia a lo espectacular o la escasez de tiempo. Sin embargo, los mismos expertos confirmaron, a su vez, que una cobertura de calidad también puede encontrarse en canales como la BBC, National Geographic, PBS y ARTE, donde el documental es a menudo el género más elogiado (European Commission, 2007a: 13 y 17). Esta evaluación demuestra que la eficacia comunicativa no consiste únicamente en una "recontextualización" del texto científico, sino también en su adaptación al medio y al género de difusión. Por tanto, para alcanzar una masiva y exitosa transmisión pública de la ciencia, es necesaria una estricta complementariedad entre ésta y el documental televisivo, una convergencia de la que surge el documental de divulgación científica. Sin embargo, resulta complicado delimitar con precisión las peculiaridades de esta nueva fórmula, ya que –como se extrae del modelo de "participación"– depende de varios factores como la variedad de emisores y receptores posibles, las características del canal, el modo de transmisión del mensaje y su contexto.

En un intento por concretar qué puede entenderse por divulgación científica, León propone que es "aquella actividad comunicativa que trata de dar a conocer al público en general, determinados saberes tomados de la ciencia, a través de un nuevo discurso cuyos fines y formas no son necesariamente científicos" (1999: 41). Otro acercamiento más reciente que integra esta difusión pública de la ciencia con el documental –y que sirvió como punto de partida para el desarrollo de la investigación y como base para este libro– fue propuesto en el IV Congreso de Comunicación Social de la Ciencia, celebrado en Madrid en noviembre de 2007. En este encuentro internacional, se intentó concretar el concepto de documental científico como un subgénero cuyas producciones deben cumplir dos requisitos:

1. Tratar sobre un asunto centrado en resultados de investigación científica, hechos o conocimientos relacionados directamente con alguna disciplina científica o argumentación basada en conocimientos científicos, incluyendo las ciencias naturales, aplicadas y sociales; y
2. Mostrar explícitamente (en la imagen, la narración o los títulos de crédito) que han contado con la colaboración o el aval de expertos o instituciones científicas, que han participado como fuentes de información o asesores de contenido (León, Giménez y López, 2007).

Este planteamiento únicamente alude a qué es considerado como "científico" en un documental y por qué, pero sin adentrarse en otras cuestiones relacionadas con el cómo se transmite ese contenido especializado. Francés (2003: 102), por ejemplo, se acerca a este asunto proponiendo que el documental de divulgación científica se sitúa en la frontera entre lo que considera como documental científico –un trabajo especializado destinado a profesionales de la comunidad de expertos– y el de divulgación –más expositivo–. De tal manera, a raíz de esta clasificación, el mismo autor atribuye al documental de divulgación científica una "intencionalidad más explicativa y de referencialidad" (Francés, 2003: 106).

Con esta última aportación, se puede entrever la necesidad de determinar la manera característica de comunicar la ciencia por medio del documental. Respecto a esta cuestión, Van Dijck (2006) ofrece un completo análisis de los modelos narrativos y estilos visuales propios de este tipo de programa. En la elaboración de su estudio, esta profesora holandesa prospecta la evolución formal del documental científico desde sus orígenes hasta la compleja situación actual: una cultura televisiva calificada por Corner como "post-documental", en la que el género está cambiando sus prácticas, formas y funciones aproximándose "hacia las nuevas y entretenidas formas de la tele-realidad" (2002: 255 y 257).

Teniendo en cuenta estos factores, se pueden distinguir –siguiendo a Van Dijck (2006)– cuatro modos narrativos y estilos visuales posibles en el documental de divulgación científica: "expositivo-realista", "explicativo-retórico", "reconstructivo-ficcional", y "especulativo-pictórico".

3.1. Modo expositivo y estilo visual realista

En su forma más prototípica, esta modalidad se basa en el documental expositivo propuesto por Nichols que "se dirige al espectador directamente, con intertítulos o voces que exponen una argumentación acerca del mundo histórico" (1997: 68). Así, en su aplicación a la ciencia, consiste en la manifestación de una idea, paradigma o descubrimiento científico por parte de un narrador omnisciente o voz en *off*.

La presentación más frecuente es que la narración parta de un experto, que también puede actuar como presentador del programa. Otra forma posible reside en alternar un comentario en *off* anónimo con exposiciones de científicos ante la cámara. La autoridad de estos profesionales resulta una baza indispensable en este modo expositivo, ya que es más probable que los espectadores crean en las afirmaciones de quien más ha investigado las cuestiones que se tratan y "cuya autoridad está legitimada institucionalmente" (Van Dijck, 2006: 8). También enfatizan el prestigio de la argumentación las imágenes que la acompañan. Así, este registro de la realidad provoca el efecto realista del documental.

Este tipo de narrativa y estilo visual conforma la mayoría de los documentales clásicos sobre la naturaleza y el medio ambiente. Algunas películas analizadas en el presente estudio, como *The Queen of Trees*, *The life of mammals* (*1. A winnin design*) o *The Blue Planet* (primer episodio), resultan claros ejemplos.

3.2. Modo explicativo y estilo visual retórico[9]

Muy relacionado con el anterior, este modelo trata de clarificar la labor de los expertos. Generalmente, los productores de los documentales encargan la explicación del trabajo de los científicos a una voz en *off* porque no todos los investigadores brillantes son sinónimo de buen comunicador. Para llevar a cabo esta aclaración es preciso que el narrador recurra al empleo de estrategias retóricas –como el uso de la metáfora, el símil, la alocución, etc.– encaminadas a aumentar la comprensión pública del proceso científico. Dado que cuanto más "visual" sea la explicación mejor será entendida, las imágenes, en este caso simbólicas al no representar estrictamente la realidad, producirán un efecto retórico que "realza, más que interferir, la ilusión de realidad" (Van Dijck, 2006: 9).

Dado que este tipo de documentales tratan de esclarecer la práctica científica, resulta frecuente que materias como la medicina encuentren en este modelo su mejor vía de expresión. En un intento de conocer cuestiones complejas como el cerebro o la psique humana, la estructura narrativa de estas películas suele ofrecer experimentos (*Du baiser au bébé*) y métodos científicos empleados por los expertos (*Homeopathy*, *Viaje al cuerpo humano-El poder de la mente*) como base de su argumentación.

3.3. Modo reconstructivo y estilo visual ficcional

A través de esta modalidad se muestran acontecimientos, logros y descubrimientos científicos pasados gracias a técnicas propias de la ficción, como las reconstrucciones, la representación y planificación de escenas. La imposibilidad de captar un suceso histórico de gran relevancia a tiempo real se soluciona con la incorporación de atractivas imágenes ficticias que incrementan sustancialmente el potencial narrativo del documental científico. Estas hibridaciones entre realidad y ficción (como los docu-dramas) están generalmente aceptadas para la transmisión de la ciencia. Su validez se ratifica cuando se emparejan con la auto-

9. Van Dijck califica a este modo visual de "metafórico", sin embargo, dado que la metáfora no es la única herramienta retórica posible en la comunicación de la ciencia, resultaría más apropiado calificar este estilo de "retórico".

ridad del modo expositivo, ya que suelen estar casi siempre narrados por un experto que rememora el exitoso evento científico. Como resultado de esta mezcla, el efecto ficticio queda subordinado al realista. De este modo, gracias a un alto porcentaje dramatizaciones e imágenes reconstruidas es posible obtener filmes de reconocido prestigio como *D-Day*, *First Flight* o *Pompei. The Last Day.*

3.4. Modo especulativo y estilo visual pictórico

Este modelo se asemeja al anterior, aunque su proyección es hacia el futuro. Teoriza con sucesos de relevancia que la ciencia intuye que pueden a ocurrir. Por la inherente búsqueda de rigor científico, solo oradores legitimados están autorizados para predecir un particular advenimiento en la ciencia. Para transmitir estos asuntos, a su vez se emplean imágenes fruto de los avances tecnológicos como animaciones digitales, dibujos y gráficos por ordenador que configuran el llamado "efecto pictórico" (Van Dijck, 2006: 10), cuya importancia aumenta en relación al efecto realista, al retórico o ficticio. La complejidad de representar cuestiones hipotéticas supone un reto todavía poco abordado por productores y realizadores de documentales. Sin embargo, películas como *Fabricando al hombre perfecto*, constituyen un intento de descifrar el futuro por parte de los científicos y documentalistas.

4. Conclusión

En la citada cuádruple distinción dentro del documental de divulgación científica se entremezclan dos paradigmas: uno realista o modernista (modo expositivo-realista y explicativo-retórico) y otro ficticio o post-modernista (modo reconstructivo-ficcional y especulativo-pictórico). Pese a sus diferencias, la combinación entre estos estilos narrativos y visuales beneficia directamente a la eficacia comunicativa del documental científico.

Así, una vez conocida esta taxonomía resulta posible establecer una completa definición de este tipo de programa. Por tanto, a la luz de la mencionada definición de una contemporánea comunicación científica –consecuencia directa de la evolución de los modelos comunicativos hacia el actual sistema de "participación"– y las diversas propuestas estudiadas en torno al contenido y la forma del documental científico, se proponen aquí tres aspectos esenciales que definen este nuevo subgénero:

1. Temático: debe abarcar asuntos centrados en resultados de investigaciones, hechos, conocimientos, argumentaciones o hipótesis basadas en estudios científicos relacionados directamente con las ciencias naturales, aplicadas y sociales.
2. Formal: sus estructuras narrativas y sus herramientas visuales están destinadas a la comprensión, interés, concienciación, formación de criterio y entretenimiento del público;
3. Científico: debe certificar de la validez y autoridad científica de los contenidos que se transmiten mostrando explícitamente (en la imagen, la narración o los títulos de crédito) la colaboración o el aval de expertos o instituciones científicas como fuentes de información o asesores de contenido.

De este modo, qué es científico y qué no, cómo hay que trasmitir la información para una audiencia heterogéneamente interesada y directamente vinculada a la ciencia, y quién está legitimado para ofrecer el conocimiento especializado, son las características que delimitan y configuran el documental de divulgación científica.

Bibliografía

ALCÍBAR, M. (2004): "La divulgación mediática de la ciencia y la tecnología como recontextualización discursiva", en *Anàlisi: Quaderns de comunicació i cultura*, nº 31, pp. 43-70.

BENSAUDE-VINCENT, B. (2001): "A genealogy of the increasing gap between science and the public", en *Public Understanding of Science*, vol. 10, pp. 99-113.

BUCCHI, M. (1998): *Science and the Media. Alternative Routes in Scientific Communication*. Londres: Routledge.

BURNS, T.W., O'CONNOR, D. J., y STOCKLMAYER, S. M. (2003): "Science communication: a contemporary definition", en *Public Understanding of Science*, vol. 12, abril, pp. 183-202.

CIAPUSCIO, G. E. (1997): "Lingüística y divulgación de ciencia", en *Quark*, nº 7, abril-junio, p. 27.

CLAESSENS, M. (2008): "European Trends in Science Communication", en CHENG, D. (eds.). *Communicating Science in Social Contexts. New models, new practices*. Bruselas: Springer.

CORNER, J. (2002): "Performing the Real: Documentary Diversions", en *Television & New Media*, vol. 3, nº 3, pp. 255-269.

DAVIES, S. R. (2008): "Constructing Communication: Talking to Scientists About Talking to the Public", en *Science Communication*, vol. 29, nº 4, junio, pp. 413-434.

DORNAN, C. (1990): "Some problems in conceptualizing the issue of science and the media", en *Critical Studies in Mass Communication*, nº 7, pp. 48-71.

DURANT, J. (1999): "Participatory technology assessment and the democratic model of public understanding of science", en *Science and Public Policy*, vol. 26, nº 5, octubre, pp. 313-319.

EUROPEAN COMMISSION (2005): "Europeans, Science & Technology", en *Special Eurobarometer*, nº 224.

EUROPEAN COMMISSION (2007a). "European research in the media: The researcher's point of view", en . Bruselas, European Commission, p. 29. URL (consultada 10-10-2009): http://ec.europa.eu/research/conferences/2007/bcn2007/researchers_en.pdf.

EUROPEAN COMMISSION (2007b): "Scientific research in the media", en *Special Eurobarometer*, nº 282.

FJAESTAD, B. (2007): "Why journalists report science as they do", en BAUER, M. W. y BUCCHI, M. (eds.). *Journalism, Science and Society. Science Communication between News and Public Relations*. Nueva York: Routledge.

FRANCÉS, M. (2003): La producción de documentales en la era digital. Madrid: Catedra, pp. 102 y 106.

GROSS, A. G. (1994): "The roles of rethoric in the public understanding of science", en *Public Understanding of Science*, vol. 3, nº. 1, pp. 3-23.

GRUNDMANN, R. y CAVAILLÉ, JP. (2000): "Simplicity in science and its publics", en *Science as Culture*, vol. 9, nº. 3, pp. 353-389.

GÜLICH, E. (2003): "Conversational techniques used in transferring knowledge between medical experts and non-experts", en *Discourse Studies*, vol. 5, nº 2, pp. 235-263.

HILGARTNER, S. (1990): "The Dominant View of Popularization: Conceptual Problems, Political Uses", en *Social Studies of Science*, vol. 20, nº 3, pp. 519-539.

KIRBY, D. A. (2008): "Hollywood Knowledge: Communication Between Scientific and Entertainment Cultures", en CHENG, D. (eds.). *Communicating Science in Social Contexts. New models, new practices*. Bruselas: Springer.

KUHN, T. S. (1970): The structure of scientific revolutions. Chicago: University of Chicago Press.

LEÓN, B. (1999): El documental de divulgación científica. Barcelona: Paidós,

LEÓN, B.; GIMÉNEZ, E. y LÓPEZ, M. (2007). "La ciencia como medio de entretenimiento. El caso del documental científico en Europa", en *Actas del IV Congreso de Comunicación Social de la Ciencia: Cultura Científica y Cultura Democrática*. Madrid: CSIC.

LEVY-LEBLOND, JM. (1992): "About misunderstandings about misunderstandings", en *Public Understanding of Science*, vol. 1, pp. 17-21.

MILLER, J. D. (1992): "Toward a scientific understanding of the public understanding of science and technology", en *Public Understanding of Science*, vol. 1, pp. 23-26.

MILLER, S. (2001): "Public understanding of science at the crossroads", en *Public Understanding of* Science, vol. 10, nº 1, pp. 115-120.

MOIRAND, S. (1997): "Formes discursives de la diffusion des savoirs dans les médias", en *Hermès*, nº 21, pp. 33-44.

MYERS, G. (2003): "Discourse studies of scientific popularization: questioning the boundaries", en *Discourse Studies*, vol. 5, nº 2, pp. 265-279.

NELKIN, D. (1990): *La ciencia en el escaparate*. Madrid: Fundesco.

NICHOLS, B. (1997): La representación de la realidad: cuestiones y conceptos sobre el documental. Barcelona: Paidós.

PAUL, D. (2004): "Spreading Chaos. The Role of Popularizations in the Diffusion of Scientific Ideas", en *Written Communication*, vol. 21, nº 1, enero, pp. 36-68.

SHAPIN, S. (1990): "Science and the public" en OLBY, R. C. (eds.). *Companion to the history of modern science*. Londres: Routledge, pp. 980-989.

TRENCH, B. (2008): "Towards an Analytical Framework of Science Communication Models", en CHENG, D. (eds.). *Communicating Science in Social Contexts. New models, new practices*. Bruselas: Springer, pp. 119-150.

VÄLIVERRONEN, E (1993): "Science and the media: changing relations", en *Science Studies*, vol. 6, nº 2, pp. 23-34.

VAN DIJCK, J. (2006): "Picturizing science. The science documentary as multimedia spectacle", en *International Journal of Cultural Studies*, vol. 9, nº 1, pp. 5-24.

WYNNE, B. (1995): "Public Understanding of Science", en JASANOFF, S. (eds.). *Handbook of Science and Technology Studies*. Thousand Oaks: SAGE Publications, pp. 361-388.

Capítulo II

Coordenadas básicas

Bienvenido León
Universidad de Navarra

Como se ha visto en el capitulo anterior, no resulta sencillo delimitar con precisión el concepto de documental científico. Dentro de este subgénero conviven distintas formas, estilos y contenidos. Pero, más allá de estas diferencias, es evidente que los canales de televisión emiten un número muy significativo de documentales que engloban en la etiqueta de "científicos" y que, en las últimas décadas, han adquirido una importancia creciente en las parrillas de programación.

Este capítulo analiza algunos de los ejes de coordenadas fundamentales del documental de contenido científico, partiendo de un breve repaso al trabajo de algunos pioneros que contribuyeron a conformar este subgénero. Su labor ha resultado determinante para llegar a la situación actual, en la que la multiplicación de canales de emisión y las herramientas digitales han logrado convertir al documental científico en un contenido muy destacado dentro del mercado audiovisual.

1. La aportación de algunos pioneros

Desde que aparecen los primeros equipos de filmación, a finales del s. XIX, el cine y la ciencia están estrechamente relacionados. Por una parte, el cine ve en la ciencia motivos interesantes que llevar a la pantalla. Por otra, la imagen en movimiento es empleada por los científicos como herramienta de investigación, por cuanto permite observar aquellos fenómenos naturales que ocurren con demasiada rapidez o lentitud para que puedan ser apreciados a simple vista.

La medicina es una de las primeras disciplinas en recurrir al cine. En 1896, sólo un año después de que los hermanos Lumière presentaran su cinematógrafo, el invento se empleó en Rusia para filmar varias intervenciones quirúrgicas. A partir del año siguiente, el polaco Boleslaw Matuszewski, operador de cinematógrafo, también filmó varias intervenciones. En 1898, en Gran Bretaña, el Dr. Panchen realiza tres películas sobre distintas enfermedades.

Los animales y su comportamiento son asuntos filmados desde el comienzo del cine. De acuerdo con Bousé (2000: 44), la primera película de animales de la que se tiene constancia es la titulada *The sea lion's home*, (*La casa del león marino*, 1897), rodada por Edison. Según este autor, a partir de ese momento, dentro de esta parcela documental conviven dos tradiciones, desarrolladas respectivamente en Europa y en Norteamérica. La europea intenta registrar el comportamiento de los seres vivos en su propio hábitat, tratando de que el proceso de filmación no interfiera. La norteamericana, por su parte, busca sobre todo la espectacularidad de las imágenes, lo que con frecuencia le lleva a filmar situaciones preparadas para la cámara.

Además de servir de instrumento para la investigación científica, desde sus mismos orígenes, el cine se emplea también como medio para divulgar la ciencia. El primer intento destacado lo lleva a cabo, en Inglaterra, la empresa Urban Trading, fundada por Charles Urban. Entre sus primeros trabajos, figuran algunas películas breves con imagen microscópica, tales como *La circulación de la sangre en el pie de la rana* (*Circulation of the Blood in the Frog's Foot*, 1903), que posteriormente pasará a formar parte una serie titulada *Mundo oculto* (*Unseen World*).

En Francia, el mismo año, el Dr. Jean Comandon realiza para la compañía Pathe, *La vida microscópica dentro de un estanque* (*La vie microscopique dans un étang*, 1903), considerada como la primera película biológica. Con ella trata de "demostrar a sus colegas ciertos fenómenos de efímera duración, delinear experimentos o entregarse a la observación general de las cosas, seres o hechos" (Calvo Hernando, 1977: 270). En 1909 filmó por primera vez el organismo causante de la sífilis (*Spirochaeta pallida*), y envió el material a la Academia de Ciencias, en París, como parte de su tesis doctoral. En otros países también se llevan a cabo filmaciones científicas. Por ejemplo, en 1904, el italiano R. Omega filma las diferentes fases en la metamorfosis de la mariposa.

A partir de esos años, el cine de divulgación científica comienza a ocupar cierto espacio en algunos de los noticiarios o cortometrajes que preceden a los largometrajes de ficción, que se exhiben en las salas de cine; o bien como complemento a otros espectáculos. Buena parte de de esos documentales tratan sobre temas de ciencias humanas, especialmente filmaciones de viajes, así como sobre las ciencias naturales. La película de Oliver Pike titulada *In Birdland* (*En el país de las aves*), se estrena en el Palace Theatre de Londres, en 1907. En ese momento, al parecer, el público de la capital británica ya estaba acostumbrado a ver películas de este contenido, al final de las representaciones de los *music halls* (Bousé, 2000: 45).

El cine de animación aporta numerosas posibilidades a los documentales científicos y divulgativos. Una de las primeras experiencias en este ámbito es la película de Émile Cohl, *Alegres microbios* (*Joyeux Microbes*, 1908). Posteriormente, empleando también animación, la compañía Atlantic Films produce la serie *Tres minutos*. A comienzos de la década de los veinte, uno de estos cortometrajes, el titulado *Tres minutos de astronomía,* reproduce el movimiento de los planetas y de la luna a velocidad rápida. La misma técnica es empleada por Étienne Lallier para divulgar la teoría de la relatividad. Esta serie fue reconocida como un ejemplo de cine científico, por su ingenio y su gran capacidad de transmitir conocimientos a los profanos.

En Francia, a comienzos de la década de 1910, se establece una interesante competencia en la producción de documentales divulgativos, entre las empresas Eclair, Pathé y Gaumont. En 1911 Eclair lanza la serie *Scientia,* mientras Pathé, desde el año anterior, incluye en su catálogo una línea de películas realizadas bajo la supervisión de Jean Comandon, a las que aplica la denominación de "escenas de divulgación científica" (*scénes de vulgarisation scientifique*). Por su parte, Gaumont lanza por los mismos años un proyecto denominado *Encyclopédie,* que incluye películas sobre nueve disciplinas científicas y consigue un notable éxito. Estas películas se distinguen ya claramente de las realizadas por científicos como medio de investigación, por tener distintas finalidades, circuitos de distribución y formas narrativas. En el caso de las películas divulgativas, se aprecia ya la importancia del "montaje y el didactismo" (Gaycken, 2002: 354).

En España, hay constancia de que, en la misma década, también se empleaba el cine como medio de investigación científica. En 1915, el oftalmólogo Ignacio Barraquer presenta en el Hospital Clínico de Barcelona varias películas realizadas por Francisco Puigvert, sobre intervenciones quirúrgicas de cataratas. En la misma época, Antonio P. Tramullas registra las investigaciones del Dr. Rocasolano sobre la movilidad de las micelas argénteas, aplicando la cámara a un microscopio (Álvarez, 1996).

A finales de la década de los veinte, realiza sus primeras obras el francés Jean Painlevé, en su mayor parte experimentos cinematográficos sobre vida subacuática, en los que utiliza avanzadas técnicas de producción, como la filmación de alta velocidad y la imagen ralentizada y acelerada, que serán ampliamente empleadas en años posteriores. Sus primeros trabajos son *El pulpo (Le pieuvre*, 1928*), Huevos de espino (Oeufs d'Épinoche*, 1928*), Los erizos de mar (Les oursins*, 1928) y *El caballo de mar (L'Hippocampe*, 1934). Más adelante realiza películas sobre la vida de grandes científicos franceses como Paul Langevin, Jean Perrin, Louis Loumière, Louis de Broglie, etc. Uno de los principales logros de Painlevé es haber aplicado el espíritu de las vanguardias artísticas al cine científico, lo que le proporcionó entusiastas críticas de artistas de la época. Por ejemplo, Fernand Léger dijo de su película *Caprella y Pantopoda* (1930), que se trataba del más hermoso ballet que había visto, y Marc Chagall se refirió a su "incomparable belleza plástica" (Bellows *et al.*, 2000: 19).

A partir de la década de los treinta, buena parte de los estudios zoológicos no se centran ya en los trabajos taxonómicos de años anteriores, para dedicarse fundamentalmente a tratar de explicar el comportamiento de los seres vivos. Como consecuencia, crece el interés de los científicos por el cine y se multiplican las filmaciones. En Alemania, la compañía productora UFA crea una sección de cine científico, dirigida por el Dr. Ulrich Schultz. Entre las películas producidas por esta sección destacan *En el paraíso de los pájaros* (1935) y *La fuerza de las plantas* (1935). En esta última, se utiliza la técnica de acelerar el movimiento de las plantas para que el ojo humano pueda percibir su evolución. Sobre el uso de este recurso, la crítica de la época escribe lo siguiente: "La admiración extraordinaria que siente el espectador se debe al hecho de que el cine aparece aquí como un instrumento mágico, milagroso, por la gracia del cual son revelados los misterios más profundos de la naturaleza (Raichavarg y Jacques, 1991: 197). Este recurso será ampliamente utilizado en años posteriores.

En 1932 se exhiben en el Congreso Internacional de Entomología, celebrado en Madrid, las primeras filmaciones del Dr. Guillermo Fernández Zúñiga, centradas en el comportamiento de abejas y hormigas. En ellas había empleado colmenas y hormigueros artificiales, diseñados y construidos artesanalmente. Posteriormente Zúñiga dirige más de veinte películas sobre distintos temas científicos, muchas de los cuales se proyectan en salas de cine como preámbulo a las obras de ficción. Algunas consiguen destacados premios en certámenes internacionales, como el de mejor cortometraje, otorgado por la Asociación de Cronistas

Cinematográficos de la Argentina, en 1951. Zúñiga fundó en 1966 la Asociación Española de Cine Científico y está considerado como un pionero y maestro de la divulgación audiovisual (Álvarez, 1996).

El documental de contenido científico adquiere mayor relevancia cuando la televisión se va afianzando como medio popular, a partir de la década de los cincuenta. Entre la amplia producción de documentales científicos realizada en varios países, destaca la serie británica *Horizon*, que comienza a emitirse en la BBC en 1964 y se ha mantenido en antena hasta la actualidad, convirtiéndose en referente internacional de calidad en el ámbito del documental científico. Desde comienzos de los noventa, *Horizon* ha desarrollado una forma narrativa peculiar, en la que tiene gran importancia la conexión de los asuntos tratados con la vida cotidiana de los espectadores. Este estilo le ha valido un gran reconocimiento internacional, numerosos premios en festivales y buenas cifras de audiencia.

Dentro de la cadena pública británica, cabe reseñar también la producción de documentales sobre la naturaleza, que arranca en los años cincuenta. Entre los autores más destacados sobresale el presentador y guionista David Attenborough, considerado como uno de los más importantes divulgadores de nuestro tiempo. Su exitosa carrera se apoya en varias series de gran envergadura, desde *La vida en la Tierra* (*Life on Earth, 1979)*, hasta *La vida en sangre fría* (*Life in Cold Blood*, 2008). En todas ellas se pone de manifiesto un acertado equilibrio entre valores televisivos y rigor científico.

Inspirándose en el modelo de *Horizon*, Michael Ambrosino crea la serie *Nova*, que comienza a emitirse en 1974 en la cadena pública norteamericana PBS. Producida por la WGBH de Boston, se ha mantenido en emisión hasta el presente, cosechando los más importantes premios internacionales y convirtiéndose en un modelo de divulgación de calidad. Destaca por su ritmo, la claridad de su narración y la originalidad de sus guiones. Entre sus muchos documentales premiados, cabe reseñar, por ejemplo, *The Miracle of Life* (*El milagro de la vida,* 1983), *Spy Machines* (*Máquinas espía*, 1987) o *The Elegant Universe* (*El universo elegante,* 2003), que han sido emitidos en más de un centenar de países.

Otra productora norteamericana destacada es la National Geographic Society, que ya venía realizando filmaciones sobre expediciones científicas desde comienzos de siglo y potencia su línea de producción de documentales científicos a partir de 1961. Sus documentales se emiten de forma regular en la cadena CBS, a partir de 1964, pasando después a la ABC, en 1973, y a la PBS, desde 1975. Las producciones de National Geographic se caracterizan por la gran espectacularidad de sus imágenes, con frecuencia posibles gracias a innovadores desarrollos tecnológicos y sofisticados sistemas de producción.

En Francia destaca el trabajo de Jacques-Yves Cousteau, que realiza una extensa producción desde los años cuarenta hasta su muerte en 1997. Sus primeros cortometrajes sobre vida submarina son *A dieciocho metros de profundidad (Par dix-huit métres de fond,* 1943) y *Épaves* (1945). Su primer gran éxito internacional llega con el largometraje, en color, *El mundo del silencio (Le monde du silence,* 1956). Posteriormente, Cousteau logra nuevos éxitos con *El mundo sin sol (Le monde sans soleil,* 1965), *El mundo de Jacques-Yves Cousteau (Experience precontinent III,* 1965), y *Viaje al fin del mundo (Voyage au bout du monde,* 1975).

Además, Cousteau ha realizado una extensa producción de documentales para televisión. Entre las distinciones y premios obtenidos a lo largo de los años, figuran tres Oscars de la Academia de Hollywood y la Palma de Oro del Festival de Cannes. A lo largo de más de medio siglo, Cousteau ha realizado numerosas expediciones de exploración por tierras y mares de todo el planeta. De su registro han surgido documentales emitidos por cadenas de televisión de todo el mundo, que son hoy símbolo y prototipo del más apasionante programa audiovisual ecológico.

En España sobresale la obra de Félix Rodríguez de la Fuente, considerado como el más importante divulgador de la fauna y la flora del país. Sus primeros documentales para televisión son de 1966, año en que realiza dos expediciones a África, en las que rueda cinco programas para la serie *A toda plana.* Su serie más extensa es *Planeta Azul,* de la que se emiten 153 capítulos (1970-73). Posteriormente, escribe y realiza la obra que le da a conocer internacionalmente: *El hombre y la Tierra* (1974-1980). En sus documentales utiliza diversos recursos narrativos que facilitan el acercamiento de la ciencia a la realidad cotidiana de los espectadores.

El trabajo de estos pioneros permite esbozar algunas de las cuestiones nucleares para entender las coordenadas por las que discurre el documental científico y constituye únicamente la punta de lanza de un subgénero que, con el paso de los años, ha ido alcanzado gran relevancia en la televisión. Sus aportaciones han contribuido de forma decisiva a configurar un boyante mercado global, que se analiza en el próximo epígrafe.

2. Un importante mercado internacional

Aunque no existen muchos datos al respecto, cabe afirmar que en la actualidad la producción y emisión de documentales científicos ha alcanzado un volumen importante. La producción internacional de documentales, sobre cualquier asunto, se sitúa en torno al millón de horas anuales, y se realiza fundamentalmente en Europa (38%), Norteamérica (19%), Asia (17%) y America Latina (17%). Su valor de mercado a comienzos de la década se calculaba en unos 400 millones de dólares (Real Screen, 2001). En cuanto a los temas abordados, alrededor del 40% de estas obras son de contenido científico, destacando las de "Historia y etnología" (17.5%), "Descubrimientos, naturaleza y vida salvaje" (13.7%) y "Ciencia y conocimiento" (12%) (MIPDOC, 2001).

La distribución de las emisiones por países resulta muy desigual. Los datos disponibles permiten afirmar que en Europa los países que emiten más documentales son Alemania (alrededor de 11.800 horas/año), Francia (5.100), España (4.400), Reino Unido (2.990), Italia (2.670) y Dinamarca (2.260). También existen importantes diferencias entre el número de cadenas que programan estos documentales y el horario en que se emiten en los distintos países (European Documentary Network, 2007).

Aunque no existen datos específicos sobre la emisión de documentales de contenido científico, en general son las televisiones públicas las que los programan con más frecuencia. Entre las más destacadas se encuentran la BBC (Reino Unido), ZDF (Alemania), ORF (Austria), France 2 y France 5 (Francia), ABC (Australia), TVNZ (Nueva Zelanda), NHK (Japón) y PBS (EEUU).

Parece claro que los canales generalistas han perdido su hegemonía en este ámbito, ya que alrededor del 70% de los documentales se emite a través de canales temáticos (Francés, 2003). Cabría pensar que el aumento del número de canales habría significado un crecimiento importante de la producción. Sin embargo, en realidad, muchas cadenas se limitan a repetir programas emitidos por otros. Tampoco ha significado un aumento del nivel de la producción, ya que muchos canales temáticos se nutren de programas de bajo coste.

A nivel mundial, los canales temáticos más importantes son Discovery Channel y National Geographic Channel. Discovery, que comienza a emitir en 1985, llega en la actualidad hasta más de 450 millones de hogares, en 160 países. La empresa matriz del canal (Discovery Communications) cuenta con 10 canales de televisión y 85 emisiones diferentes, en 35 idiomas. Por su parte, National Geographic Channel, propiedad de la National Geographic Society y otras empresas como el grupo internacional News Corporation, comenzó a emitir en 1997. En la actualidad emite a través de redes de cable y satélite en 143 países y 25 idiomas, y llega hasta 160 millones de hogares. La empresa emite también otras cinco programaciones distintas.

En general, los países en los que se emiten más documentales científicos son también los que más producen. Aunque no existen datos sobre la producción mundial, la asistencia a los foros internacionales de productores ofrece algunas pistas al respecto. En la edición de 2007 del más importante congreso profesional de la especialidad, celebrado en Nueva York, los países con mayor número de productores inscritos fueron EEUU (107), Reino Unido (77), Canadá (60), Francia (38), Australia (34), Alemania (31) e Italia (23) (World Congress of Science and Factual Producers, 2007).

En España, el género documental, en su conjunto, va aumentando su presencia en las parrillas de programación, de forma constante. Las cadenas generalistas que más documentales emiten son La 2 de TVE y las autonómicas Canal 33, Punt 2 y ETB1. El 64% del tiempo de los documentales emitidos (64%) fueron producciones españolas, frente a un 28% de europeas y 11% de estadounidenses (EGEDA, 2006). No existen datos específicos sobre la emisión y producción de documentales de contenido científico, aunque algunos temas, como la naturaleza, ocupan, sin duda, un lugar destacado.

Entre las tendencias que se aprecian en el mercado internacional, cabe destacar la creciente importancia de los criterios comerciales. La búsqueda de índices de audiencia resulta decisiva en la selección de los temas y el diseño de los modos narrativos. La gran competencia que se establece en la lucha por el *share*, en mercados con multitud de canales, afecta tanto a las empresas privadas como a las públicas.

Una de las consecuencias de esta lucha por la audiencia es la mayor presencia del tipo de documental en el que el entretenimiento se erige en objetivo fundamental. De acuerdo con John Corner (2002: 257), estamos inmersos en la etapa "postdocumental", en la cual se busca fundamentalmente la diversión. Como consecuencia, el documental recurre a elementos narrativos de otros géneros, perdiendo en buena media su sobriedad y seriedad tradicionales.

En su búsqueda del entretenimiento como camino hacia la audiencia, el documental científico ha abrazado nuevas estrategias. Una de las de mayor éxito es el uso de géneros híbridos. Entre ellos, en la última década destaca el denominado "documental dramatizado", que combina las formas narrativas del documental tradicional con escenas dramatizadas, que son interpretadas por actores, en las que se recrean situaciones históricas, a partir de la información aportada por los científicos. Ejemplos destacados de este formato son *El día 'D'* (*D-Day*, BBC-Discovery Channel-Prosieben-France 2-Telfrance, 2004), sobre el desembarco de Normandía, durante la II GM; y *Pompeya, el último día* (*Pompeii, the Last Day*, BBC, 2003), que recrea la vida de la ciudad romana antes de la erupción del volcán Vesubio, que acabó con ella.

3. Nuevas tecnologías para un nuevo documental

Al igual que ha ocurrido con otros contenidos televisivos, en los últimos años, la expansión de la tecnología digital ha marcado decisivamente el desarrollo del documental científico. Frente a la tradicional película de 16 ó super-16 mm., se han ido imponiendo los formatos de vídeo digital, tanto de definición estándar (vg. Betacam digital), como de alta definición (HDTV). La película cinematográfica ha quedado relegada para producciones de gran presupuesto, sobre todo en el ámbito de la naturaleza y la vida animal. Algunos realizadores siguen valorando la mejor calidad de la imagen cinematográfica, en cuanto a nitidez y contraste, y los mejores resultados en la imagen ralentizada, que se realiza a partir de filmaciones en alta velocidad. Sin embargo, la BBC optó por el vídeo de alta definición para rodar su ambiciosa serie *Planeta Tierra* (*Planet Earth*, 2007), marcando el ocaso definitivo del celuloide en el ámbito del documental científico.

El desarrollo de la tecnología digital ha hecho posible el abaratamiento y consiguiente proliferación de las imágenes creadas por ordenador, tanto en dos como en tres dimensiones. En el caso del documental científico, este recurso tiene gran importancia, ya que permite plasmar en imágenes determinados conceptos que no tienen una representación visual inmediata. De esta forma, es posible ofrecer al espectador una representación probable o plausible de teorías desarrolladas en campos científicos como la física o la paleontología. Un ejemplo destacado de esta tendencia es la serie de la BBC *Caminando entre dinosaurios* (*Walking with Dinosaurs*, 1999), en la que se recrean estos animales, en este caso mediante una sofisticada combinación de imagen de síntesis y modelos reales animados, sobre paisajes de imagen real.

Tras el gran éxito de audiencia que obtuvo, surgió también cierto debate acerca de la precisión de las recreaciones. Según algunos autores, esta serie es un ejemplo de documental científico posmoderno, en el que la estética contemporánea tiende a eclipsar el propio contenido científico, para dejar paso al puro espectáculo basado en la ciencia (Darley, 2003: 209). Por el contrario, otros autores defienden la legitimidad de la recreación e incluso sostienen que las imágenes recreadas pueden ser, por sí mismas, fuente de conocimiento, de forma que los recursos visuales sirven como elemento para construir el conocimiento y no simplemente para ilustrarlo (Van Dijck, 2006: 6).

El uso de las imágenes de animación ha hecho posible que puedan abordarse en televisión asuntos que anteriormente se consideraban poco apropiados, como consecuencia de la dificultad de ser plasmados en imágenes. Por ejemplo, la serie *Europa, una historia natural* (*Europe a Natural History*, BBC-ZDF-ORF, 2005) ha cosechado grandes éxitos de audiencia en varios países, a pesar de tratar sobre geología, una ciencia tradicionalmente olvidada por la televisión. En este caso, una combinación innovadora de imagen real y animación hace posible narrar la evolución geológica del continente, de forma absolutamente cautivadora.

A la proliferación de temas ha contribuido también otras técnicas. Algunas se venían empleando desde hace décadas pero han cobrado ahora una nueva dimensión, como consecuencia de los últimos desarrollos tecnológicos. En el registro de imágenes de procesos muy lentos, es frecuente utilizar la filmación cuadro por cuadro con intervalos (*time lapse*). Para llevarla a cabo, se emplea un dispositivo denominado "cronorruptor", que regula automáticamente la toma de cada imagen, después de un intervalo de tiempo fijado de antemano. Una vez registrado, el proceso se puede mostrar en un tiempo menor, utilizando un ritmo acelerado. Esta técnica se emplea para registrar procesos muy diversos, tales como la floración de una planta, la metamorfosis de un gusano de seda o la descomposición de un organismo.

En ocasiones, la filmación cuadro por cuadro se combina con movimientos de cámara *(travellings)*, coordinados mediante sistemas informáticos. De esta forma, es posible conseguir secuencias en movimiento, que recojan procesos dinámicos extremadamente lentos (por ejemplo, una planta que trepa por el tronco de un árbol). Un ejemplo destacado e innovador de esta técnica es la serie *La vida privada de las plantas* (*The Private Life of Plants*, BBC, 1995), en la que su uso permite contar la vida de la naturaleza desde el original punto de vista de los vegetales.

Para objetos de dimensiones microscópicas son necesarios sistemas de visionado que permitan apreciarlos. Cuando el objeto es demasiado grande para verlo a través del microscopio y demasiado pequeño para la fotografía convencional, se emplean equipos y técnicas de macrofotografía. En este caso, se utilizan ópticas macro, que permiten ampliar el tamaño del objeto con gran calidad de imagen.

En macrofotografía, la profundidad de campo es muy limitada y la iluminación suele ser una de las mayores dificultades, ya que resulta necesario que la intensidad sea suficiente para mostrar los detalles de objetos pequeños y que la dirección sea la adecuada para mostrar esos puntos. La luz artificial suele elevar la temperatura por encima de la que resulta idónea para reproducir algunos procesos, por lo que es necesario emplear equipos refrigerados, luz fría, o bien sistemas de fibra óptica que concentran un haz de luz en un pequeño punto, sin desprender calor. En los últimos años, los equipos con los que se registran este tipo de imágenes han experimentado un notable desarrollo, que ha permitido mejorar sensiblemente la calidad del resultado.

En muchos casos, la filmación requiere desarrollar procedimientos y técnicas especiales de realización. En los documentales sobre la naturaleza y el comportamiento animal, es frecuente la filmación desde escondites (*hides*), para registrar escenas sin alterar el comportamiento natural de los seres vivos. Otras veces, las imágenes filmadas en estado natural pueden sustituirse o completarse con otras de animales en cautividad o amaestrados, que son transportados a escenarios naturales o a estudios, en los que se simula un entorno natural. Desde hace algunos años, se emplean cámaras con control remoto y otras que se disparan automáticamente cuando perciben algún movimiento. Gracias a estos equipos ha sido posible registrar sorprendentes imágenes de comportamiento animal.

En la última década, ha ido cobrando relevancia el uso de materiales interactivos, en unos casos integrados dentro de la propia emisión y en otros a través del sitio *web* de las cadenas. En el caso de los programas científicos, suele ofrecerse información complementaria sobre los temas tratados, incluyendo textos, versiones íntegras de las entrevistas, infografía, etc. En el caso de la interactividad ofrecida a través del propio televisor, se han realizado interesantes experiencias en las que se ofrecen dos o más alternativas en la narración, de manera que el espectador puede seleccionar el nivel de dificultad del texto.

El uso de estas estrategias ha contribuido a afianzar la posición del documental científico en las parrillas televisivas. En algunos países europeos, como el Reino Unido, Alemania, Austria o Italia, los grandes documentales de contenido científico se emiten en horario estelar. Esto es posible gracias a que los canales públicos han mantenido, desde hace varias décadas, una apuesta sólida y continuada por ellos, que ha permitido alcanzar, a medio plazo, el éxito de audiencia.

En otros países, como España, la gran asignatura pendiente del documental científico sigue siendo la conquista del *prime time*. Esta dificultad para acceder a los horarios de máxima audiencia debe atribuirse a que las televisiones públicas españolas, al contrario que algunas de sus hermanas europeas, no han apostado de forma clara por este contenido.

Bibliografía

ÁLVAREZ, Y. (1996): "El cine científico", en González P. [et al.] (eds.). *Historia del cortometraje español.* Alcalá de Henares: Festival de cine de Alcalá de Henares, pp. 487-512.

BELLOWS, A. M. [et al.] (2000): *Science is Fiction: The Films of Jean Painlevé.* Cambridge, Mass. y San Francisco: MIT Press y Brico Press.

BOUSÉ, D. (2000): *Wildlife films.* Philadelphia: University of Pennsylvania Press.

CALVO HERNANDO, M. (1997): *Periodismo científico.* Madrid: Paraninfo.

CORNER, J. (2002): "Performing the Real: Documentary Diversions", en *Television and New Media, nº* 3 (3), pp. 255-269.

DARLEY, A. (2002): "Simulating Natural History: Walking with dinosaurs as hiper-real edutainment", en *Science as culture,* nº 12 (2), pp. 227-256.

EGEDA (2006): *Panorama audiovisual 2006.* Madrid: EGEDA.

EUROPEAN DOCUMENTARY NETWORK (2007): *TV guide.* Copenhague: EDN.

FRANCÉS, M. (2003): *La producción de documentales en la era digital: Modalidades, historia y multidifusión.* Madrid: Cátedra.

GAYCKEN, O. (2002): "'A Drama Unites Them in a Flight to the Death': some remarks on the flourishing of a cinema of scientific vernacularization in France, 1909-14", en *Historical Journal of Film, Radio and Television,* vol. 22, nº. 3, pp. 353-374.

LEÓN, B. [et al.] (2007): "La ciencia como medio de entretenimiento. El caso del documental científico en Europa", en *Actas del IV Congreso de Comunicación Social de la Ciencia*. Madrid: CSIC.

LEÓN, B. (1999): *El documental de divulgación científica*. Barcelona: Paidós.

MIPDOC (2001): *Informe anual*. París : MIPDOC.

RAICHVARG, D. y JACQUES, J. (1991) : *Savants et ignorants. Une histoire de la vulgarisation des sciences*. París : Seuil.

REAL SCREEN (2001): *Informe anual*. Nueva York : Real Screen.

ROQUEPLO, P. (1983): *El reparto del saber: Ciencia, cultura, divulgación*. Barcelona: Gedisa.

SILVERSTONE, R. (1986): "The Agonistic Narratives of Television Science", en: Corner, J. (ed.). *Documentary and the Mass Media*. Londres: Edward Arnold Publishers, pp. 81-106.

VAN DIJK, J. (2006): "Picturizing Science. The science documentary as a multimedia spectacle", en *International Journal of cultural studies*, nº 9 (1), pp. 5-24.

WORLD CONGRESS OF SCIENCE AND FACTUAL PRODUCERS [En línea] (2007). Nueva York: WCSFP, <http://wcsfp.com/index.php/whoscoming/delegates/> [Consulta el 20 de marzo de 2008].

Capítulo III

El documental científico como enunciado dramático

Bienvenido León
Universidad de Navarra

1. Documentales para entretener

La televisión es, sin duda, el medio de comunicación que ejerce mayor influencia en nuestras vidas. Millones de personas en todo el mundo dedican más de tres horas diarias a ver sus programas; un tiempo sin parangón con ninguna otra actividad de ocio.

Hoy en día este poderoso medio tiene como objetivo fundamental entretener a la audiencia. Sin embargo, esta función no ha tenido siempre la misma importancia. La triple misión de "informar, educar y entretener", hoy convertida en lugar común, fue formulada en la década de los años 20 por el primer director general de la radio pública británica, John Reith. Desde su punto de vista, la radiodifusión pública debía cumplir esos objetivos y hacerlo precisamente por ese orden; es decir, dejando el entretenimiento en último lugar.

Posteriormente esta triple misión y ese orden de prioridades fueron asumidos por las televisiones públicas que se fueron creando en Europa a lo largo del siglo XX. Por el contrario, las emisoras privadas que surgieron, primero en Estados Unidos y después en otros muchos países, buscaban fundamentalmente el entretenimiento, mediante el cual les resultaba más fácil alcanzar el beneficio económico.

Según sus distintos fines y circunstancias, canales públicos y privados conformaron sus parrillas de programación con distintas proporciones de información, entretenimiento y educación. Tradicionalmente los programas informativos han intentado explicar al espectador cómo es el mundo que le rodea, facilitando así su ubicación en él. Por su parte, los programas educativos, generalmente más escasos, han tratado de ofrecer formación cultural y científica, en un sentido amplio. Finalmente, los espacios de entretenimiento han buscado sencillamente distraer o divertir a la audiencia.

Durante varias décadas, apenas se establece competencia entre canales públicos y privados, ya que en Europa los primeros son hegemónicos, mientras que en Norteamérica domina la televisión comercial. Sin embargo, a partir de comienzos de la década de 1980, la desregulación del sector de las telecomunicaciones y la multiplicación de canales, que permiten las transmisiones por cable y satélite, hacen posible la creación de cadenas comerciales, que en Europa establecen una fuerte competencia con las públicas. De esta forma se tambalean los principios y valores con los que se había creado la radiodifusión pública, que ahora se ve obligada a luchar por una audiencia que antes estaba garantizada.

Desde ese mismo momento, el entretenimiento adquiere una importancia creciente en las parrillas de programación de todos los canales, tanto públicos como privados, hasta llegar a ser el objetivo dominante en la actualidad (León, 2007: 77).

El entretenimiento ha adquirido gran importancia, incluso como ingrediente de aquellos géneros tradicionalmente dirigidos a informar y educar. De esta forma, "infoentretenimiento" (*infotainment*) y "eduentretenimiento" (*edutainment*) han pasado a ser conceptos a los que se alude con frecuencia, para designar determinados contenidos de la televisión actual. Los géneros informativos (noticias, reportajes, documentales, etc.) también se han adaptado al nuevo contexto, recogiendo asuntos ligeros y adoptando modos narrativos que facilitan un enunciado entretenido.

El "infoentretenimiento", entendido como mezcla de información y entretenimiento, ha adquirido tal importancia, que los programas informativos se han convertido en muchos casos en espacios de espectáculo, que seleccionan los asuntos tratados no tanto por su relevancia como información de actualidad sino más bien por su valor de entretenimiento. La información se convierte así en una mercancía, que se rige sobre todo por el criterio de la rentabilidad económica; es decir, por su capacidad para lograr altas cuotas de audiencia.

En este contexto cobran especial relevancia aquellos temas que despiertan el interés del público de forma inmediata: accidentes, desastres, sucesos, curiosidades y asuntos triviales. Por el contrario, muchas cuestiones de gran relevancia social pero menor potencial de entretenimiento quedan relegadas.

Dentro del género documental, el entretenimiento también ha ido ganando terreno, al incorporar elementos de otros géneros, en un proceso de creciente hibridación, que alcanza su cota más alta con el documental dramatizado. Con este formato se consigue un espectáculo que logra una respuesta visceral por parte de la audiencia, como consecuencia de la fuerza de la propia imagen (Scott, 2003: 30).

John Corner (2002) considera que estamos inmersos en la etapa "postdocumental", en la que la función principal de este género es divertir a la audiencia. En esta fase, el documental ha adoptado efectos visuales y enfoques de otros géneros, perdiendo parte de la seriedad y el rigor que tradicionalmente le han caracterizado. Esta transformación, que puede ayudar a popularizar el género, incide directamente en la percepción del público sobre los contenidos y, en ocasiones, puede dificultar el rigor científico del enunciado.

En este nuevo contexto, se observa un aumento de la producción de programas híbridos cercanos al documental, que se alejan de la concepción seria y rigurosa del documental científico, pero que responden a dos necesidades fundamentales. Por una parte, son programas de entretenimiento popular que consiguen alcanzar buenas cuotas de pantalla. Y, por otra, no son producciones muy costosas, dado que no suelen requerir grandes investigaciones, guiones muy elaborados ni medios de producción excesivamente sofisticados.

La importancia del entretenimiento en el ámbito del documental resulta evidente, al considerar que algunas de las más importantes entidades productoras no definen su actividad como la producción de programas de contenido informativo, sino de "entretenimiento basado en hechos reales" (*factual entertainment*).

2. La ciencia como medio de entretenimiento

La televisión es un medio diseñado para atraer simultáneamente a grandes audiencias, por lo que generalmente se busca que los temas tratados y el modo de abordarlos resulten interesantes y comprensibles, no sólo para las elites intelectuales sino para la gente común y corriente. Como consecuencia, algunos asuntos resultan difíciles de tratar en televisión, porque difícilmente van a interesar a audiencias amplias.

Una vez captado el interés del público, el objetivo del documental es mantener su atención hasta que concluya. Esto significa intentar "llevar al espectador de la mano", a través de un relato interesante, en el que su implicación le mueva a querer saber qué ocurrirá a continuación. Este proceso de implicación no se desarrolla únicamente a nivel cognitivo, sino que en él juegan un papel fundamental las emociones del espectador. Un programa que se limite a transmitir información, difícilmente conseguirá cautivar al público. Por el contrario, cumplirá mejor su objetivo aquel que consiga despertar sensaciones y sentimientos, involucrando al espectador desde el punto de vista afectivo.

La implicación resulta posible cuando el espectador siente que las experiencias que le transmite un documental son auténticas y, de alguna forma, podrían ser vividas por él mismo. Se trata generalmente de mostrar acciones humanas con las que el público pueda conectar. Esto no significa necesariamente que sean realidades que formen parte del entorno habitual de la mayoría de las personas, ya que muchas veces muestran vidas y hechos extraordinarios. Sin embargo, también en estos casos, suelen estar presentes elementos de la naturaleza humana que permiten al público entender y compartir las emociones que viven las personas que aparecen en la pantalla.

El potencial divulgador de la televisión se encuentra estrechamente unido a su implantación universal y su gran capacidad para atraer audiencias millonarias. Sin embargo, las relaciones entre ciencia y televisión no son siempre sencillas. Tal como señala Silverstone (1986: 81), la raíz del problema está en que la televisión se dirige a la experiencia cotidiana, mientras que la ciencia utiliza otros modos de acceder al conocimiento y comunicarlo.

Habitualmente la ciencia da a conocer sus resultados a través del soporte escrito, que le resulta apropiado para transmitir un conjunto de ideas estructuradas de forma lógica y para enunciar los conceptos que sustentan los planteamientos científicos. Por el contrario, los medios audiovisuales no son especialmente eficaces para transmitir ideas abstractas o conceptos, ya que, tal como señala González Requena (1986: 65), la imagen es un medio poderoso para describir pero resulta torpe en el terreno de la nominación, ya que carece de la potencia conceptual de la palabra.

La televisión suele seleccionar aquellos asuntos que tienen mayor capacidad para despertar emociones y sentimientos en el espectador. Además, suele hacer hincapié en los aspectos de mayor valor dramático, olvidando los de mayor complejidad conceptual. Sin embargo, la ciencia trata de dar razón de la realidad, utilizando herramientas como la lógica matemática y la experimentación empírica, cuyo objetivo es exclusivamente apelar a la razón.

Por otra parte, la televisión no es un medio especialmente adecuado cuando se trata de comunicar grandes cantidades de información, ni para abordar un asunto con profundidad. Por eso, la sucesión de ideas pormenorizadas con las que trabaja la ciencia no tiene fácil anclaje en este medio.

A estas dificultades se suman otras comunes a otros medios de comunicación, que ponen de manifiesto la distancia que los separa de la ciencia, en cuanto a intereses y formas de trabajo. Los científicos realizan una labor sosegada, en la que pocas veces se producen hallazgos extraordinarios. Por el contrario, los medios sí buscan hechos extraordinarios, que llamen poderosamente la atención del público.

Los medios se encuentran sumidos en el torbellino de la actualidad, que lleva a los periodistas a realizar un trabajo condicionado por la hora de cierre, en los medios impresos; o la de puesta en antena, en los electrónicos. Y esto impone rutinas de trabajo que suelen dejar poco margen para la reflexión.

De esta forma, científicos y comunicadores tratan de explicar el mundo partiendo de posiciones bien distintas, que han sido comparadas con las que realizan dos especialidades del derecho. Por una parte, la ciencia, al igual que el derecho penal, debe llegar hasta el punto de situarse "más allá de una duda razonable". Y por otra, los periodistas, lo mismo que el derecho civil, acuciados por las prisas, trabajan con la "evidencia predominante, como estándar de prueba" (Hartz y Chappell, 1998: 14).

Además, científicos y periodistas emplean lenguajes distintos. Los primeros utilizan jergas que resultan complejas para quienes no pertenecen a su grupo. Y los periodistas, por su parte, también emplean otro tipo de jerga, habitualmente más fácil de entender para el gran público.

El científico intenta enfrentarse con objetividad a los asuntos que estudia. Sus experimentos han de ser reproducibles y sus resultados serán sometidos a escrutinio por sus propios colegas, antes de ser publicados en las revistas científicas. Por su parte, el periodismo es, en gran medida, una actividad marcada por la subjetividad de quien lo ejerce, hasta el punto de que muchos periodistas han abandonado la noción de objetividad, sustituyéndola por la de honestidad, ante la gran dificultad de encontrar certezas en las complejas cuestiones abordadas. Por ejemplo, es difícil establecer criterios objetivos para determinar de qué lado está la razón en un conflicto armado.

Estas dificultades han llevado a algunos científicos a considerar la divulgación de la ciencia a través de la televisión como una tarea prácticamente imposible. Incluso algunos investigadores del ámbito de la comunicación social de la ciencia afirman que el espectador televisivo no adquiere un saber verdadero (Calvo Hernando, 1997: 176)

Sin embargo, no conviene olvidar que la televisión cuenta entre sus fortalezas con la capacidad de comunicar información de forma amena. La presencia de las imágenes y sonidos, y la estructuración de los contenidos en forma de relato, hacen posible que el público se vea inmerso en un mundo fascinante, donde la ciencia se convierte en materia prima con grandes posibilidades. Por eso, muchos programas de televisión sobre ciencia intentan fundamentalmente despertar interés por los asuntos abordados, sin tratar de que las vertientes educativa e informativa tengan excesivo peso, para que los valores de entretenimiento sirvan de enganche con un público numeroso. De esta forma, el entretenimiento se convierte en un aliado más que en una rémora, a la hora de comunicar cuestiones científicas a un público amplio y no especialmente interesado, de entrada, por estas cuestiones.

3. Contar historias sobre ciencia

Los documentales de contenido científico suelen elaborarse a partir de guiones bien definidos, que emplean estructuras y técnicas muy diversas. Sin embargo, suelen utilizar una serie de procedimientos y recursos comunes, que ayudan a conseguir que la comunicación sea eficaz. Entre los más frecuentes, destaca el de estructurar los documentales en torno a un relato; es decir, contar una historia que, en muchos casos, presenta notables semejanzas con los enunciados de ficción. No conviene perder de vista que el género documental se halla inmerso en un proceso de creciente hibridación con otros géneros, en un intento por adaptarse a un contexto televisivo en el que, como se ha visto, el entretenimiento tiene un peso decisivo.

Las historias que se cuentan suelen tener un protagonista con un objetivo concreto, que se ve inmerso en una sucesión de hechos, a través de los cuales se plantea un conflicto, que finalmente se resuelve de alguna manera. Esta forma de estructurar el documental tiene la ventaja de que utiliza esquemas narrativos que resultan familiares para el espectador y, al mismo tiempo, sirve como hilo conductor que mantienen al público orientado e interesado en los hechos que se van presentando (León, 1999).

La utilización en los documentales científicos de formas narrativas que, en principio, parecen más propias de la ficción, ha suscitado numerosas críticas. Algunos consideran que, al construir el relato, es fácil falsear la realidad para que encaje en las estructuras narrativas utilizadas. También apuntan que estas estructuras terminan convirtiendo la ciencia en un asunto de héroes y villanos, que poco tiene que ver con la realidad. Sin embargo, además de las ventajas ya señaladas, la utilización del relato otorga unidad al enunciado y permite incluir elementos emotivos que faciliten la implicación del espectador con el asunto que se aborda (Silverstone, 1986: 89).

En general, un hecho es más interesante cuanto más próximo resulta a aquello que el espectador conoce. Sin embargo, en primera instancia, la ciencia no se sitúa en la esfera de intereses inmediatos del público, por lo que resulta necesario un esfuerzo por acercarla hasta el espectador. Este acercamiento suele intentar poner de manifiesto cuáles pueden ser las aplicaciones del conocimiento científico que se presenta en la vida cotidiana.

La organización de ideas dentro de una historia es una de las herramientas más poderosas de que dispone el guionista para mantener la atención del espectador, ya que proporciona un hilo narrativo fuerte y permite establecer un nexo emocional con la audiencia.

Es frecuente que los documentales sobre ciencia tengan como trasfondo historias que funcionan a modo de *leit motivs*. Por ejemplo, en el caso de los documentales sobre la naturaleza, tal como ha puesto de manifiesto Barbara Crowther (1994), las más características son las del "ciclo de la vida", la "narrativa de la búsqueda" y "el triunfo de la ciencia sobre la naturaleza".

En documentales sobre otras ciencias, son *leit motivs* frecuentes la "búsqueda de la verdad", "el viaje o expedición" y el "científico-héroe contra el mal". Algunos ejemplos de la primera historia son *Infiniment Courbé, Dark Side of the Moon* y *Homeopathy*[1]. El viaje o expedición sirve de columna vertebral a documentales como *El viaje del emperador* y *The Great Dance: a Hunter's Story*. La historia del

1. Para las referencias de documentales, véase el anexo 2 de la Introducción de la obra.

"científico-héroe contra el mal" aparece en *Pompeii. The Last Day*, *La guerra del tigre* y *Living with Bugs*. En este último documental, una de las secuencias más claras de este enfoque es la del científico Dave Roubick, del Smithsonian Tropical Research Institute, que se arriesga hasta el punto de acercarse a una colmena de abejas asesinas, que terminan por picarle (21.54).

Otros documentales no cuentan una historia en el sentido dramático. Es decir, no tienen un protagonista con un objetivo bien definido, que entra en conflicto y finalmente se resuelve. En estos casos, los aspectos del tema que se abordan suelen estar ordenados a través de un hilo conductor, o bien utilizando simplemente una relación de proximidad temática entre los aspectos seleccionados. En estos casos se corre el peligro de que el documental no tenga la necesaria unidad en su formulación y transmita la impresión de relatar un conjunto de hechos inconexos.

Entre los hilos conductores frecuentes en documentales de contenido científico que no necesariamente constituyen historias dramáticas, cabe citar los de "pasado, presente y futuro de un asunto", un "recorrido geográfico", un repaso "de lo general a lo particular", "un día o un año en la vida de una ciudad o de una institución", etc.

Tal como sugiere Crowther (1994), los *leit motivs* son fórmulas estereotipadas que corren el riesgo de cerrar el paso a otros modos narrativos, que tal vez podrían resultar más eficaces para transmitir determinados aspectos de la ciencia, tales como las hipótesis, las interpretaciones y las voces diversas. Sin embargo, en ocasiones no resulta sencillo encontrar una historia original y con suficiente fuerza dramática, a través de la que estructurar el tema que se aborda. En estos casos, el uso de uno de los *leit motivs* habituales puede ser un recurso eficaz, si bien parece conveniente sopesar los beneficios que proporciona esta estructura, frente a las limitaciones que impone.

Por tanto, la construcción de relatos es un recurso de gran importancia para el documental de contenido científico, ya que hace posible su estructuración y orden, al tiempo que facilita que el espectador siga con interés lo que se cuenta. Sin embargo, existe el peligro de que los elementos dramáticos adquieran una dimensión excesiva y puedan llegar incluso a eclipsar el contenido científico. Esto implicaría una pérdida de credibilidad del documental como referente del mundo real, y podría ser percibido como "una ficción cualquiera".

4. Temas y enfoques

La selección y el enfoque del tema científico tratado es, sin duda, una de las claves para conseguir que un documental llegue con eficacia hasta la audiencia. En principio, existe un notable interés del público por la ciencia (León, 2008: 444). Sin embargo, es frecuente que este interés no se centre tanto en los asuntos científicos en sí mismos, como en aspectos colaterales o en cuestiones que tienen aplicación o consecuencias inmediatas en la vida de los ciudadanos.

Un estudio de la BBC analiza cuáles son los asuntos científicos y los enfoques con mayores posibilidades de recibir una buena acogida por parte del público y aporta algunas claves al respecto. Según este trabajo, las noticias que hablan sobre "la ciencia por sí misma" y las que presentan cuestiones irrelevantes para la vida cotidiana tienen menos capacidad de despertar el interés del público. Por el contrario, la conexión con la audiencia en más fácil cuando se presentan temas que podrían afectar a los ciudadanos, de una forma sencilla y fácil de entender (Bennet, 1999: 164).

En algunos casos, puede apreciarse un esfuerzo del autor por acercar la ciencia hasta el público, poniendo de manifiesto las razones por las que el tema podría resultar de su interés. Este acercamiento puede llevarse a cabo de distintas formas. Pero antes de analizarlas con detenimiento, conviene examinar, al menos de forma somera, los criterios de interés que se ponen en juego en los enunciados noticiosos. Gracias a ellos, será posible entender mejor los valores implicados en la selección y enfoque de los asuntos que se abordan en los documentales.

Los criterios de interés informativo (*news values*) han sido definidos como una serie de factores "que parecen ser particularmente importantes" en la selección de noticias (Galtung y Ruge, 1965: 64-65). Aunque en la selección y enfoque de asuntos para un documental intervienen otros criterios, el intento de captar el interés del espectador está también presente, ya que en el fondo parecen funcionar los mismos mecanismos que en las noticias. En términos de Muñoz Torres (1996: 249), estos criterios funcionan como factores que hacen que el público se interese por un asunto, como consecuencia de que se establece un "cierto grado de implicación que hace que quiera conocer lo que le están contando". Y ese grado de implicación es necesario, tanto en una noticia como en un documental.

Un estudio en profundidad de los criterios de selección hace necesario contar con el punto de vista de los productores y/o directores de los programas, para explicar las razones que les llevaron a seleccionar el tema y adoptar un enfoque concreto. Una metodología más asequible, pero igualmente válida, es la utilizada por Major y Erwin (2004), en su estudio sobre cobertura de riesgos medioambientales en la prensa. Estos investigadores analizan únicamente los elementos explícitos de interés aludidos en el propio texto.

Siguiendo esta metodología, analizamos a continuación los elementos explícitos de interés informativo que aparecen en los documentales. De alguna forma, estas alusiones explícitas constituyen justificaciones de los autores, en cuanto a porqué los temas tratados y los enfoques adoptados se consideran de interés para el espectador. Partiendo de la relación empleada por estos autores, y completándola con los aportados en distintos estudios que se han considerado oportunos en este caso, hemos llegado a la siguiente lista de criterios de interés informativo:

- *Conflicto*. Va unido a disputas o polémicas entre individuos, grupos u otras entidades.
- *Relevancia*. Se refiere a asuntos que afectan a un gran número de personas. Se describe como *relevancia pública o impacto.*
- *Interés humano*. Aparece en temas de impacto sobre la vida de la gente o los retos afrontados.
- *Proximidad*. Entendida como cercanía, tanto física como cultural.
- *Rareza*. Va unida a ciertos hechos que resultan extraños o inesperados.
- *Interés visual*. Es la característica de los temas que incluyen imágenes interesantes, que pueden captar el interés del público por sí mismas.

En los documentales analizados aparecen numerosas alusiones explícitas a criterios de interés, destacando las categorías de proximidad, conflicto y rareza. La proximidad intenta conectar los asuntos científicos abordados con la experiencia cotidiana del espectador. Por ejemplo, en la introducción del documental *Living with Bugs*, se alude a la estrecha conexión de los insectos con la vida de los seres humanos, mediante la frase "...usted está viviendo con insectos" (*...you are living with bugs*).

Como resulta habitual, el conflicto está presente en todos los documentales analizados, ya que sería difícil mantener el interés del espectador sin presentar una disputa o controversia de cierta entidad. También son relativamente frecuentes las alusiones explícitas al conflicto. Por ejemplo, en *La guerra del tigre*, se menciona en varias ocasiones la lucha de este felino por sobrevivir en un ambiente cada vez más hostil. Y en *Fabricando al hombre perfecto* (min. 32.05) se dice: "La investigación genética está entrando ahora en un territorio más polémico".

El tercer criterio de importancia es la rareza. Estos son algunos ejemplos:

- "Estas concentraciones (de albatros) tan numerosas, no son habituales" (*The Blue Planet*, min. 19.50).
- "Lo más sorprendente de los tities (...) es su extraordinaria vida familiar" (*Primates, la llegada de los monos*, min. 4.15).
- El cerebro humano es "un milagro de la evolución". Y añade, "lo asombroso es que tiene zonas distintas para la melodía, el ritmo y la tonalidad" (*The human body-The power of mind*, min. 1.01 y 7.05).

5. Explicación de conceptos científicos

Las cuestiones científicas, en sí mismas, pueden ser difíciles de tratar en un documental. Por eso, no resulta frecuente que se expliquen los conceptos implicados en los asuntos que se abordan, probablemente por considerar que el público no los entendería y, además, el enunciado resultaría más difícil de seguir y, por tanto, menos interesante.

Diversos estudios sobre el tratamiento de la ciencia en los medios impresos indican que los textos raramente explican los conceptos científicos (Corbett, 1995; Long, 1995), a pesar de que esto puede hacer que el destinatario de la información no entienda el significado del asunto que se presenta (Rowan, 1999: 26). Estas explicaciones resultan de gran importancia, ya que pueden ser de gran ayuda para que el público entienda el significado de los temas tratados (Myers et al., 1983; Loman & Mayer, 1983; Mayer, 1983).

En los documentales analizados en el estudio que sirve de punto de partida para esta monografía no son frecuentes las explicaciones de conceptos científicos. Esto podría interpretarse como un intento por aligerar los contenidos, para que el espectador los siga con mayor facilidad.

A pesar de todo, algunos de los documentales analizados sí explican determinados conceptos. A veces éstos no forman parte del núcleo del contenido. Por el contrario, son elementos de los que pueden prescindirse para entender el hilo argumental. Por ejemplo, en *The Blue Planet* (min. 6.22) el comentario explica cómo se forman las olas:

> Las olas nacen mar adentro. Allí incluso la más sutil de las brisas puede hacer que el mar se pique y las ondas de un mar picado crecen hasta convertirse en olas. (...) Las olas sólo rompen cuando llegan a aguas poco profundas. Conforme se van acercando a la costa, el agua que está en la base de la ola decelera, al entrar en contacto con el lecho marino, mientras que la parte superior sigue avanzando a la misma velocidad. Eso hace que empiece a girar y al final se rompa.

Mientras tanto, la imagen muestra olas espectaculares de gran tamaño que, sin duda, son capaces de mantener la atención del espectador, con mayor fuerza que la explicación del concepto. Además, dicho concepto no resulta imprescindible para seguir el hilo narrativo, que se centra en el comportamiento de los seres vivos que habitan el mar y el modo en que luchan por sobrevivir.

En otros casos, las explicaciones sí se centran en cuestiones científicas que están más directamente conectadas con las ideas centrales del hilo argumental. En *Living with Bugs* (min. 11.45) se explica el concepto de "superorganismo" en el que se basa la organización de las hormigas:

> Para entender el poder de la hormiga, tenemos que imaginar un concepto de existencia totalmente nuevo. Imagine una criatura gigante, que puede dividirse a sí misma en miles de pequeños cuerpos. Todos funcionan como uno solo pero cada individuo es prescindible. Así que es casi imposible matarlo. Esto no es ciencia ficción, es el *superorganismo* (...). Los individuos están unidos por un hilo invisible de mensajes químicos, llamados feromonas, que llaman a las masas a actuar como un solo individuo. Para explicar este concepto, los diferentes roles de una colonia han sido comparados con las diferentes partes del cuerpo humano. La reina es el órgano reproductor y las obreras son el cerebro, el corazón y el intestino.

De forma análoga, en *Infiniment courbé* (min. 4.40) se explica brevemente la naturaleza de la luz, por medio de un diálogo entre alumno y maestra:

> – *Alumno*: "Pero ¿qué es la luz exactamente?"
> – *Maestra*: "Podemos considerarla como una multitud de partículas minúsculas, los fotones, que vibran y se desplazan a gran velocidad. Nada es más rápido que un fotón. En el vacío los fotones viajan a 300.000 km. por segundo".

Otro ejemplo destacado se encuentra en *E=mc²*, que cuenta cómo los científicos, a lo largo de la historia, desarrollaron teorías que posteriormente sirvieron de base a Albert Einstein para formular su célebre ecuación. Este documental explica los experimentos de Michael Faraday y presenta, de forma sencilla, el concepto de electromagnetismo: "La electricidad y el magnetismo son dos aspectos de una unidad mayor: una fuerza que después se llamaría electromagnetismo y que se propaga a 300.000 km. por segundo" (min. 2.30).

La explicación de conceptos científicos en un enunciado audiovisual podría basarse en la narración. Sin embargo, en general, se considera que resultan más eficaces los programas en los que el peso del enunciado recae sobre las imágenes, más que sobre las palabras. Lo contrario sería un recurso poco eficaz, que no aprovecharía suficientemente las posibilidades del medio audiovisual. Y ante la gran dificultad que supone expresar muchos conceptos científicos en imágenes, los productores parecen reducirlo al mínimo.

A pesar de todo, en algunos casos los conceptos sí se explican con la ayuda de imágenes. Este recurso resulta de gran importancia, por cuanto a través de él es posible aprovechar al máximo las posibilidades del medio audiovisual. Sin embargo, no resulta sencillo plasmar los conceptos a través de imágenes.

En el primer episodio de la serie *The human body* (min. 8.15) se compara el cerebro humano con una ciudad:

> Imagínese una ciudad bulliciosa, del tamaño de Nueva York. Déle a cada persona de esa ciudad 10.000 trozos de cuerda. Pídale a cada persona que se ate, con cada cuerda, a una persona distinta. Ahora haga la ciudad mil veces mayor. Ese es el increíble embrollo que llamamos cerebro.

En ocasiones la imagen empleada no es real sino generada por ordenador, ya sea en dos o tres dimensiones. Este tipo de imágenes se ha convertido en una herramienta de gran importancia para los documentales científicos, ya que permite crear un enunciado más atractivo y presentar aspectos del tema sobre los que no es posible registrar imagen real. Como consecuencia, algunas disciplinas científicas que tradicionalmente habían sido poco apropiadas para ser tratadas por el cine y la televisión, han podido ser abordadas en programas de gran impacto visual. Este es el caso de la serie *Europe. A Natural History*, que cuenta la evolución geológica de este continente con una brillante combinación de imagen real y de síntesis.

La imagen creada por ordenador es muy útil para explicar conceptos científicos abstractos, que son frecuentes en la ciencia. En *Infiniment courbé* (min. 5.30) se explica el concepto de "año-luz" utilizando la imagen de un calendario cuyas hojas van pasando, sobre el fondo de unos rayos de luz que se mueve a gran velocidad. De esta forma, se visualiza el concepto de "un año viajando a la velocidad de la luz".

Sin embargo, la utilización de estas imágenes ha suscitado críticas de quienes consideran que, en realidad, pueden no ser una representación rigurosa de la realidad. A este respecto, resulta paradigmática la producción de la BBC *Walking with Dinosaurs*, ya que presenta animales creados por ordenador, cuyo diseño se ha basado en teorías científicas más o menos plausibles pero no necesariamente en certezas científicas. Esta serie está considerada como el punto de inflexión hacia el documental científico posmoderno y de ella se ha dicho que es "presa de las estrategias estéticas contemporáneas que tienden a negar la representación y el significado (contenido), para promover la fascinación del espectáculo y la forma (estilo)" (Darley, 2003: 229).

Sin embargo, también cabe considerar que el uso de imágenes de síntesis es una herramienta válida en el actual contexto de espectacularización de la ciencia y que estas imágenes, que se crean a partir de conocimientos científicos, son una fuente de conocimiento en sí mismas. Es decir, estos recursos visuales no cumplen una misión meramente ilustrativa, sino que sirven para construir el mismo conocimiento (Van Dijck, 2006: 6).

6. Conclusión

Como se ha visto, la traslación de la ciencia a la televisión no resulta sencilla, habida cuenta de la considerable distancia que las separa, en cuanto a objetivos y procedimientos comunicativos. Partiendo de estas diferencias, el documental de contenido científico adopta una serie de herramientas narrativas, que facilitan su adaptación al actual contexto televisivo, en el que el entretenimiento tiene gran importancia. De especial eficacia son los recursos dramáticos, que permiten presentar la información científica incluida en los documentales, de forma análoga a los relatos de ficción.

En los documentales científicos, existe el peligro de que la utilización de técnicas dramáticas en un grado excesivo haga que el enunciado pierda credibilidad como referente de la realidad. Por eso, estas técnicas deben usarse de forma moderada, tratando de que el relato presente de forma rigurosa el contenido científico seleccionado, evitando que los elementos dramáticos estén sobredimensionados.

La utilización explícita de valores de interés informativo en los documentales pone de manifiesto que estos criterios son empleados por los productores y guionistas en la selección y enfoque de estos programas. Entre ellos, tiene especial importancia la referencia a la proximidad, a través de la cual se facilita el acercamiento hasta el público de las cuestiones científicas, haciendo posible la implicación del espectador en el enunciado que se presenta.

Los propios conceptos científicos no suelen ser parte fundamental de los documentales, sino que estos se centran generalmente en asuntos colaterales, que resultan más fáciles de explicar. Sin embargo, explicar estos conceptos tiene gran importancia para evitar que el documental se torne en una sucesión de hechos irrelevantes que terminaría por convertir la ciencia en un asunto banal, desvirtuando así su propio sentido.

La explicación de los conceptos científicos es más eficaz cuando se lleva a cabo a través de imágenes, ya que así es posible aprovechar mejor las posibilidades del medio audiovisual y reforzar el interés visual del enunciado. La utilización de imágenes generadas por ordenador es un recurso de gran potencial, ya que permite ilustrar cuestiones sobre las que no es posible registrar imagen real. Sin embargo, el uso de este tipo de imágenes plantea con frecuencia dudas sobre la posible falta de rigor científico de estos programas.

En definitiva, los recursos dramáticos son medios válidos y eficaces para estructurar los documentales científicos, ya que a través de ellos es posible organizar la información, presentarla de forma amena y facilitar su compresión por parte del público. El uso de estos recursos es compatible con el rigor científico de los contenidos presentados, si bien en ocasiones no resulta sencillo lograr el equilibrio entre ciencia y drama.

Bibliografía

BENNET, J. "Science on television" (1999): En Scanton, E., Whitelegg. E., y Yates. S. (eds.), Londres, Routledge, pp. 158-173.

CALVO HERNANDO, M. (1997): *Manual de periodismo científico*. Barcelona, Bosch.

CORBETT, J. (1995): 'When Wildlife Make the News: An Analysis of Rural and Urban North-Central US Newspapers', *Public Understanding of Science* 4, pp. 397-410.

CORNER, J. (2002): "Performing the Real: documentary diversions", en *Television and New Media*, nº 3, pp. 255-269.

CROWTHER, B. (1994): Conferencia impartida en el simposium *Wildscreen '94*, Bristol, inédita.

DARLEY, A. (2003): "Simulating Natural History: Walking with dinosaurs as hiper-real edutainment", en *Science as culture*, nº12 (2), pp. 227-56.

EUROPEAN DOCUMENTARY NETWORK (2007): *EDN TV guide*. URL: www.edn.dk. Consultada el 23-04-08.

GALTUNG, J. y RUGE, M. (1965):"The structure of foreign news: the presentation of the Congo, Cuba and Cyprus crises in four Norwegian newspapers", en *Journal of International Peace Research*, nº 1, pp. 64–91.

GONZÁLEZ REQUENA, J. (1986): *El espectáculo informativo o la amenaza de lo real*. Madrid: Akal.

GÖPFERT, W. (2006): "Science as entertainment. PCST in narrative structure", en Willems, J. y Göpfert, W. (eds.), *Science and the power of TV*. Ámsterdam: VU University Press & Da Vinci Institute, pp. 133-139.

HARTZ, J. y CHAPPELL R. (1998): *World Aparts. How the distance between science and journalism threatens America's future*. Nashville: First Amendment Center.

LEÓN, B. (2008): "Science related information in European television: a study of prime-time news", en *Public Understanding of Science*, nº 17, pp. 443-460.

LEÓN, B. (2007): "La programación de las televisiones públicas en Europa. La estrategia de la adaptación", en Moreno, E. (et al) (eds,), *Los desafíos de la televisión pública en Europa. Actas del XX Congreso Internacional de Comunicación*. Pamplona: Eunsa, pp. 75-82.

LEÓN, B. (1999): *El documental de divulgación científica*. Barcelona: Paidós.

LOMAN, N. L. y MAYER, R.E. (1983): "Signalling Techniques that Increase the Understanding of Expository Prose", en *Journal of Educational Psychology*, nº 75, pp. 402-12.

LONG, M. (1995): 'Scientific Explanation in US Newspaper Science Stories', en *Public Understanding of Science*, nº 4, pp. 119-30.

MAYER, R. E. (1983): "What We Have Learned about Increasing the Meaningfulness of Scientific Prose", en *Science Education, nº* 67 (2), pp. 223-237.

MAYOR, A. y ERWIN, L. (2004): "Environmental Risks in the News: Issues, Sources, Problems and Values", en *Public Understanding of Science,* nº 13, pp. 295-308.

MYERS, J. L., HANSEDN, R.S., ROBSON, R.C., y McCANN, J. (1983): "The Role of Explanation in Learning Elementary Probability", en *Journal of Educational Psychology* nº 75, pp. 374-381.

MUÑOZ TORRES, J. R. (1996): *El interés informativo.* Madrid: Fragua.

ROWAN, K. (1999): "Effective Explanation of Uncertain and Complex Science", en Friedman, S. M., Dunwoody S. y Rogers C. L. (eds.). *Communicating Uncertainty: Media Coverage of New and Controversial Science.* Mahwah (NJ): Lawrence Erlbaum, pp. 201-223.

SCOTT, K. (2003): "Popularizing science and nature programming. The Role of 'Spectacle' in Contemporary Wildlife Documentary", en *Journal of Popular Film and Television, nº* 31 (1), pp. 29-35.

SILVERSTONE, R. (1986): "The Agonistic Narratives of Television Science", en Corner, J. (ed.). *Documentary and the Mass Media.* Londres: Edward Arnold Publishers, pp. 81-106.

TELEVISION BUSINESS INTERNATIONAL (2003): "Wild at heart", en *Television business international,* Junio-Julio, pp. 16-20.

VAN DIJCK, J. (2006): "Picturizing Science. The science documentary as a multimedia spectacle", en *International Journal of Cultural Studies,* nº 9 (1), pp. 5-24.

Capítulo IV

El papel de la retórica visual en los documentales sobre ciencia

José Azevedo
Universidade do Porto

Con el fin de introducir la importancia de la retórica para la comprensión del subgénero documental sobre ciencia, necesitamos enfatizar dos dimensiones que han ido ganando importancia en el panorama cultural contemporáneo: la forma narrativa y la imagen.

1. La creciente importancia de la retórica visual

Un mundo en el que el 'pixel' está desplazando a la palabra como unidad fundamental de comunicación es un mundo donde los teóricos se cuestionan la no obvia distinción entre textos e imágenes, con profundas implicaciones éticas, políticas y epistemológicas. Hemos sido testigos de la convergencia de la palabra y la imagen en el sorprendente desarrollo de las tecnologías de la comunicación de inicios del siglo XXI.

Ya en 1994, W.J.T. Michell describía el resurgimiento del interés por lo visual como un giro pictórico. Pero lo más importante es que este giro pictórico no es un regreso a una mímesis simplista, una copia o una correspondencia de teorías de la representación: es más bien un redescubrimiento 'postlingüístico' o 'postsemiótico' de la imagen, como una compleja interacción entre lo visual y el discurso. Es comprender que el acto del espectador (la mirada, la atención, una ojeada, la observación, la vigilancia y el placer visual) puede ser un problema tan profundo como las distintas formas de lectura (descifrar, decodificar, interpretar, etc.) y que la experiencia visual podría no ser totalmente explicable en el modelo textual (W. J. T. Mitchell 16).

Una cultura visual se abre así hacia una constelación intertextual donde las imágenes y sonidos son leídos unos en los otros y unos a través de los otros, constituyendo niveles de significado y reacciones subjetivas en cada encuentro que podemos tener con el cine, la televisión, la publicidad, el arte, los edificios o los paisajes urbanos.

Al enfocar el campo de visión y el campo de cultura visual que opera en él, se crea un espacio para la articulación de varias cuestiones que deben ser dirigidas a las imágenes que diariamente nos rodean. También es necesario comprender la forma de interactuar activamente con imágenes de diversa procedencia, para reconstruir un mundo de acuerdo con nuestras fantasías y deseos o para narrar nuestras historias personales.

Si, como Jenkins reivindica, todos los medios son actualmente 'medios mixtos', deberíamos presentar juntos textualidad y visualidad. Más importante aún, viendo visualidad y textualidad no como fenómenos aislados sino compartiendo en un nivel más profundo algunas raíces comunes en los procesos perceptivos y lingüísticos. Quizás deberíamos dedicar tiempo a desarrollar un modelo dialéctico, uno en el que las palabras y las imágenes estén vinculadas de manera inseparable en un acto simbólico de interpretación y acción.

El problema es articular un modelo basado en la teoría de la imagen, un modelo conforme al medio que trata de describir. Es ir más allá de la noción de literacia visual/mediática por su comprensión simplista de la textualidad como mero proceso de decodificar o codificar palabras. La literacia visual/mediática es el mantra de los estudios de los medios de comunicación post-McLuhanianos y ha contribuido a una amplia comprensión de lo visual como 'parecido a un texto' que puede ser leído, decodificado e interpretado sin problemas.

Ahora, precisamente como la retórica implica algo más que la relación de palabras y frases en correcto orden, la retórica visual implica más que la evidencia visual. De ahí que la retórica pueda ofrecer un modo más allá de la oposición visualidad/textualidad que tiene a tantos perplejos.

Examinamos cómo las funciones visuales permiten persuadir o fomentar la identificación. ¿Cómo lo visual comunica el sentido? O, dicho de otra manera, ¿cómo podemos interpretar el mundo visual? ¿Es diferente la interpretación de las palabras que la que hacemos de las imágenes visuales? Si es así, ¿cuál es la diferencia?, y ¿qué hace la retórica en este proceso? Para responder a estas preguntas, necesitamos un estudio sostenido de la función integradora de la mente humana tal como ve, percibe, interpreta y reacciona de otro modo al mundo visual. Necesitamos entender que incluso el 'ver es creer', funciona a la inversa también: 'creer es ver'. En otras palabras, necesitamos creer para ver. Si creer es ver, entonces necesitamos preguntar qué diferencia genera la retórica que sólo vemos los que ya creemos, o que solo identificamos lo que ya creemos, o que solo creemos lo que vemos.

Por muchos medios, hemos descubierto la naturaleza visual de la retórica. Conforme estudiantes y profesores se adapten a esas nuevas tecnologías y espacios para la lectura y la escritura, será importante entender las diversas formas en que palabras e imágenes funcionan juntas y retóricamente en los diferentes modos que los medios tienen de atraer nuestra atención y dirigir delicadamente la intención.

La retórica, que recibió la forma de análisis crítico desde la antigua sociedad del siglo XVIII, examina la forma en que se construyen los discursos con el objetivo de lograr ciertos efectos. Su horizonte era nada menos que el ámbito de las prácticas discursivas como formas en el conjunto de la sociedad, y su particular interés recae en comprender tales prácticas como formas de poder y representación. Vio que hablar y escribir no eran meramente objetos textuales para ser contemplados estéticamente o interminablemente deconstruidos, sino como formas de actividad inseparable de las amplias relaciones sociales entre escritores y lectores, oradores y audiencias e ininteligible fuera de las condiciones sociales en las que fueron incorporadas.

Los comentarios más importantes en la retórica de la película están en deuda con la escuela neoaristotélica del criticismo literario, particularmente con el influyente *The Rhetoric of Fiction* (1961) de Wayne Booth. Booth enfatiza el esfuerzo del artista a través de técnicas de narración y caracterización, "para ayudar al lector a comprender el trabajo" y a imponer un mundo ilusorio y ficticio sobre la audiencia.

Queremos definir en términos generales la retórica como un arte de persuasión y seducción que asegura nuestras creencias en afirmaciones de verdad. El evento retórico en este sentido es vinculado solo secundariamente con la claridad y la veracidad de su evidencia (como en el 'realismo' de las fotografías documentales); antes que nada, se tiene la intención de avanzar por medio de la habilidad verbal, la elocuencia corporal, el espectáculo, el color, la interpretación, y todos los conocidos elementos de la escena, y la puesta en escena. Explícitamente dirigidas a despertar las pasiones, demuestran su utilidad o falta de ella a través de los efectos emocionales que crea en los auditores en ocasiones específicas.

2. La creciente importancia de la narrativa

> Vivimos en un mar de historias y, al igual que (según el proverbio) el pez que será el último en descubrir el agua, tenemos nuestras propias dificultades para entender lo que significa nadar en mar de historias (Bruner, 1996: 147).

Jerome Bruner ha estado trabajando con esta perspectiva en sus libros *Acts of meaning* y *The culture of education,* donde argumenta que nuestra consciencia está básicamente estructurada por narraciones (Bruner, 1990; 1996). En esos dos libros Bruner trata con la influencia de la narrativa tanto en experimentar como en crear significado. De acuerdo con Bruner, las narraciones deberían considerarse la más básica herramienta poseída por el ser humano para crear significado, organizar experiencias y entender el mundo. Bruner alega que todos nosotros nacemos con una forma narrativa incorporada –una forma que podemos usar para organizar el conocimiento y podemos utilizar esta lectura narrativa para adquirir conocimiento con grandes ventajas. De este modo Bruner sugiere una coherencia entre la narrativa y el conocimiento humano.

En esta misma línea de razonamiento se encuentra el trabajo de Mark Turner. En su libro de 1996, *The Literary Mind,* Mark Turner introduce la teoría de que todo nuestro lenguaje se basa en nuestro sentido básico de lo que constituye la narrativa. Los modos literarios, cree él, especialmente la historia y la parábola, son las estructuras básicas de todo el conocimiento humano.

El principal aspecto aquí es que la narrativa era previa al lenguaje. Turner de este modo reivindica que la habilidad humana de formular estructuras gramáticas está fundada en nuestra comprensión narrativa. En otras palabras, hemos aprendido a pensar y a hablar con la ayuda de la narrativa. La narrativa es simplemente considerada nuestra primaria y más fundamental forma de comprender y describir el mundo.

Considerando la narrativa como constituyente de nuestro modo de pensar, será productivo usar la narrativa como una herramienta en el contexto educativo y para estudiar sus implicaciones en la estructura de la comunicación. En este sentido la confluencia de la narrativa y retórica enfatiza la relación recursiva entre la potestad del autor, el fenómeno textual y la respuesta del lector, a pesar de seguir abierta a distintas interpretaciones desde aproximaciones críticas –incluyendo el feminismo, psicoanálisis, la lingüística bakhtiniana y estudios culturales.

En síntesis, la narrativa como retórica se basa en tres principios fundamentales:

1. La narrativa es retórica porque la narrativa ocurre cuando alguien cuenta una historia particular a una audiencia particular en una situación particular por algún propósito particular.
2. La lectura de la narrativa es una actividad multidimensional, participando simultáneamente nuestro intelecto, emociones, ideologías y éticas.
3. La narrativa ofrece procesos de reflexión en el ser humano.

3. Factores retóricos tendentes a incrementar el impacto de los mensajes de los medios

Habiendo establecido la importancia general de la retórica para hacer frente a las transformaciones de la comunicación y cultura contemporánea, principalmente sus características de narrativa visual, nos gustaría ahora desarrollar un posible modo de pensar en la contribución que la retórica puede hacer al estudio de los documentales de ciencia.

Trabajando desde varias perspectivas disciplinarias, incluyendo los estudios de cine, las ciencias de la comunicación y la semiótica, exploramos los modos en los que las imágenes documentales funcionan retóricamente y las específicas gramáticas visuales que usan para operar. Demostramos que esas imágenes, como representaciones de particulares conceptos, son portadoras de historias y de particulares prejuicios culturales e ideológicos.

Al romper la retórica de una escena, es importante considerar los elementos visuales –movimiento de cámara, ubicación del enfoque, color, relaciones espaciales entre personajes y entre el espectador y el material visual, efectos visuales especiales, edición visual, etc. Todos estos elementos conforman la composición del rodaje. Esta composición es usada por el espectador para establecer conexiones entre estos y el contenido.

El ensayo de David Blakeseley, *Defining Film Rethoric*, trata de la retórica visual en la película como "... el estudio del incentivo simbólico" y de usar todos los métodos posibles de enviar mensajes a la audiencia. Es decir, que se examina la conexión (de forma optimista) creada entre la película y la audiencia. La conexión es comúnmente referida como la identificación de la audiencia.

3.1. Identificación como retórica

La *identificación* es el término clave en *Rhetoric of Motives* de Kenneth Burke. La retórica es el arte de la persuasión, y Burke argumenta que la persuasión descansa en la identificación: un orador persuade a una audiencia al identificar su causa con sus intereses, por identificarse con algo a lo que les apela, que obtiene su aprobación. Un ejemplo que ofrece Burke es "el político que, dirigiéndose a una audiencia de agricultores, dice: "yo era un chico de granja" Identificación no es lo mismo que identidad. "A no es idéntico a su compañero B", escribe Burke. Pero en la medida que sus intereses se unen, A se *identifica* con B. O se identifica con B incluso cuando sus intereses no se unen, si supone que lo son o está convencido de creerlo. Una identificación no es identidad sino comunidad, que tienen algo en común o creen que lo comparten.

Nuestra identificación con un personaje siempre tiene lugar en un contexto- el contexto de la historia, de un escenario y de un género. Este contexto supondrá otras identificaciones. Si nos identificamos con jóvenes amantes en un prado, es porque están identificados con la naturaleza, y porque en nuestra cultura la naturaleza es identificada con cosas buenas. Nuestra identificación con un personaje depende de cómo este personaje es identificado –identificado *como* e identificado *con*.

La noción de identificación mezcla cosas diferentes que pueden ser distinguidas y una de las principales distinciones que establece es entre *alineamiento*, que "describe el proceso por el que los espectadores se posicionan con relación a los personajes en función a sus acciones y de lo que saben y sienten", y *afinidad* que "pertenece a la evaluación moral e ideológica de los personajes por el espectador". Aunque alineamiento y afinidad son a menudo combinados, no se deben confundir. Alineamiento con el personaje –centrarse el personaje, seguir al personaje, ver lo que ve el personaje, etc – no es lo mismo que sentir afinidad por el personaje. Afinidad significa aprobación, tomar partido por el personaje desde la perspectiva moral, apoyar al héroe contra el villano. Afinidad es lo que comúnmente se entiende cuando decimos que nos identificamos con el personaje.

Alineamiento y afinidad son dos diferentes modos de identificación con un personaje: en el primero compartimos la trayectoria del personaje, su punto de vista en un sentido físico, en el segundo nosotros compartimos los valores del personaje, su punto de vista en un sentido moral. Pero, generalmente, son dos modos diferentes de participación: alineamiento sirve retóricamente para promover la afinidad; el punto de vista desde un sentido físico se convierte en afinidad aliado con el punto de vista en un sentido moral; tomar parte en la trayectoria del personaje ayuda a persuadirnos de compartir sus valores morales.

3.2. Modo retórico dominante

Los documentales han sido catalogados de acuerdo a su modo retórico dominante de los siguientes modos: epidíctico, forense o deliberativo. La retórica empleada por el documental puede alterar la lectura del espectador de la ciencia en él presentada. Por ejemplo, los periodistas de televisión han sido tradicionalmente criticados por presentar una versión demasiado festiva de la ciencia (Nelkin, 1995; Fahnestock, 1986).

Hemos usado un escenario sugerido por Fahnestock en 1986 de la división de Aristóteles de la oratoria en las formas epidíctica, forense y deliberativa. Dependiendo del modo retórico usado variará cómo la ciencia es comunicada.

El epidíctico es un modo festivo, a menudo busca nuevos inventos con los que mejorar nuestras vidas. Esto significa que el tema científico es a menudo explicado en términos que enfatizan la condición de lo más nuevo, lo más grande o 'más pequeño que nunca'.

El modo forense atiende a la naturaleza y a las causas de los eventos.

El modo deliberativo evalúa las ventajas y desventajas de un nuevo descubrimiento y examina sus implicaciones para el futuro (MaCabe, 1997).

En una presentación epidíctica el principal propósito teórico es celebrar la ciencia en lugar de validarla (Fahnestock). En un popular programa de televisión de ciencia, este enfoque tiene una ventaja editorial –al tratar de algo que es 'nuevo' o 'sorprendente' o que 'es la primera vez que verá....' la relevancia científica del tema no necesita más explicación- la audiencia entiende su importancia solo en esos términos. Este enfoque idealiza la ciencia.

Una presentación forense describe a la audiencia cómo sucede el fenómeno científico, dando algo de contextualización. Mientras que ambos modos son útiles para explicar la ciencia a las audiencias, falta en los dos el elemento informativo que permite a la audiencia evaluar críticamente la ciencia que se le presenta.

El modo deliberativo es el más problemático pues el programa no debe solo explicar la ciencia – debe ser capaz de evaluar todas las ventajeas y desventajas de la materia objeto de examen y plantear cuál será su futuro. Para hacer esto, los productores deben tener una profunda comprensión crítica del tema científico, presentar una amplia variedad de científicos y de información y decidirse por una visión equilibrada.

3.3. Framing

Un análisis del enfoque (*framing*) explora las formas en que los medios organizan y contextualizan las ideas. Tankard y sus compañeros describen el *framing* de los medios como "la idea central para organizar el contenido de noticias que proporciona un contexto y sugiere cuál es el tema a través del uso de la selección, el énfasis, la exclusión y la elaboración". Una explicación alternativa de Entman sugiere que "*framing* es seleccionar algunos aspectos de la realidad percibida y hacerlos más destacados en una comunicación de texto, de tal modo que promuevan la definición de un problema particular, una interpretación causal, una evaluación moral y/o recomienden el tratamiento para el tema descrito.

Nuestra investigación sobre el enfoque de los documentales de ciencia identifica esos atributos y rasgos que mejor representan la idea que es mostrada en los mensajes de los medios. Nosotros argumentamos que los elementos didácticos y persuasivos son parte de presentaciones de científicos y narradores, con el fin de abordar y persuadir a la (múltiple) audiencia expuesta.

Pasamos ahora a lo que consideramos que son los dos grandes tipos de dispositivos retóricos presentes en los documentales analizados y que muestran diferentes procesos de *framing*, diferentes maneras de promocionar la identificación.

4. Lo documental con el enfoque descriptivo-argumentativo

La característica principal de este subgénero es que despliega un discurso de 'hecho'. Los motivos de causa e intención, si bien son de inevitable actualidad, no aparecen en primer plano, el modelo es de lectura informativa. La impresión es que la ciencia es capaz de tener todo bajo control.

Este subgénero parece más próximo a algunas tendencias de la era de la información, a saber, de la importancia de los bytes de sonido, fragmentos de video y otras formas de comunicación mediadas tecnológicamente, y significa que para parte importante de la comunicación, esta se procesa sin narrativas lineales para codificar la información.

Debido al dominante tono racional de los documentales con este enfoque, encontramos tremendamente útil el análisis de la retórica y de las técnicas argumentativas empleadas. La argumentación está fundamentalmente destinada a convencer a otras personas de la visión de uno. El estudio y la evaluación del discurso argumentativo es importante en extremo para comprender el efecto que puede tener en la audiencia para entender el contenido de los medios (en este caso la ciencia) y ofrecer un único instrumento para estudiar cómo los espectadores son racionalmente persuadidos sobre el interés y la verdad del discurso. Cada modo retórico tiene un efecto en la ciencia presentada y en el modo en que la audiencia percibirá el tema.

Junto a la influencia retórica general, otros dos aspectos relacionados con la argumentación son usualmente analizados: las características de los oradores y su interacción con el público. Las dimensiones básicas involucradas en la credibilidad de los oradores son el carácter y la competencia. Por otro lado, la actitud del telespectador hacia el discurso se puede mejorar si el orador establece una efectiva comunidad de intereses con el público.

El típico curso de los programas incluidos en este enfoque alterna entre la voz en *off* y el "busto parlante". Un busto parlante es en televisión la forma de decir 'esto está traído directamente hasta usted sin distorsión o mediación ". De acuerdo con León (1998), el narrador-presentador juega el papel central en el documental de televisión pues su voz y las declaraciones a la cámara constituyen la espina dorsal de la estructura del programa.

Para ser eficaz, el narrador debe tener una credibilidad inicial debido a su reputación moral (carácter) y el conocimiento de la materia (competencia). Pero ambas dimensiones básicas pueden ser reforzadas en el programa por la autoridad de su presentación y, en muchos casos, la confianza y el carácter familiar de los presentadores.

La ciencia y su difusión son sinónimo de progreso y de transmitir un sentido de autoridad y de progreso de la objetividad.

La efectividad de la divulgación de los documentales de este tipo no solo depende de su capacidad intelectual para comunicar los hechos, sino para ser aceptada o rechazada por la audiencia dependiendo de los valores emocionales que transmita. Por esta razón, para construir documentales se deben usar varios recursos que intenten crear una actitud positiva de la audiencia hacia el discurso. Y esto significa que el orador debe establecer una comunidad efectiva de intereses con la audiencia, un proceso en el que varias operaciones retóricas pueden ser de utilidad.

La segunda categoría de la argumentación incluye varios recursos que ayudan a colocar a la audiencia en buena disposición hacia el discurso. El mensaje debe ser apropiado a la audiencia y es uno de los elementos principales para la efectividad de la divulgación del discurso.

Las figuras retóricas más comunes en este enfoque son las de contraste. Por ejemplo, la antítesis. La antítesis establece una clara relación de contraste entre dos ideas por que los une o hace la yuxtaposición de ellos, a menudo en una estructura paralela.

El ejemplo más claro de este proceso pode ser encontrado en lo documental "Europa: Una Historia Natural". Para ilustrar los cambios en el clima europeo al largo de la historia usa yuxtaposicion de imágenes de diferentes períodos, los dinosaurios paseando por las calles de Oxford y Florencia, una selva tropical en el centro de Berlín, Londres al lado de un glaciar son algunas de las imágenes ofrecidos con gran efecto argumentativo.

5. Lo documental con el enfoque narrativo

La característica principal de este subgénero es que intenta construir discursos interesantes para poder atraer la atención del espectador a través de intereses prácticos y apelaciones emocionales. De hecho hay una gama de formas narrativas. Las principales son las siguientes:

- Una forma de drama-documental similar al que se ofrece en la ficción de emergencia médica, en los que el drama y la excitación son difícilmente unidos a los mensajes de información pública.
- Un modelo de historia de detectives, que crea suspense. Normalmente, el contar la historia no transmite un conflicto directo sino más bien la solución a un misterio, la prueba de todas las piezas de un puzzle.

La ausencia característica de algún punto de referencia histórico o cultural en estos programas es totalmente deliberado. Sobre este texto visual aparentemente neutral puede algunas veces ser superpuesta una voz superior (*voice of god*).

Cuando describimos actividades humanas dentro de un ecosistema, siempre parece que contemos historias sobre ellos. Configuramos los acontecimientos pasados en secuencias de causalidad - relatos - que ordenan y simplifican esos acontecimientos para darles nuevos significados. Lo hacemos porque la narrativa es la principal forma que trata de encontrar sentido en una realidad repleta de incertidumbres y desordenada cronológicamente.

Así, por ejemplo, al analizar las historias sobre el cambio ambiental, se verifica que las relaciones causales de un ecosistema están divididas con una cuchilla retórica que define lo incluido y excluido, relevante e irrelevante, con poder o sin poder. En el acto de separar la historia de la no-historia, ejercemos la más poderosa, incluso peligrosa, herramienta de la forma narrativa.

Es un lugar común de la teoría literaria moderna que la propia autoridad con la que la narrativa presenta su visión de la realidad se logra por ocultar gran parte de esa realidad. La narrativa tiene éxito en la medida en que oculta las discontinuidades, elipsis, y experiencias contradictorias que minarían el significado de su historia. Cualquiera que sea su finalidad manifiesta, no puede evitar un ejercicio encubierto del poder: inevitablemente autoriza unas voces mientras que silencia otras. Una poderosa narrativa reconstruye el sentido común para que lo contingente parezca resuelto y lo artificial parezca natural. Cuando escogemos un argumento para ordenar nuestras historias medioambientales, nosotros les damos una unidad que ni la naturaleza ni el pasado poseen claramente.

El análisis de los documentales de calidad que centraron nuestra atención demostró que no eran inmunes a las tendencias registradas en la televisión. En verdad los documentales sobre la naturaleza son los mejores ejemplos de como se modifica la relación con las audiencias. La naturaleza en televisión ha experimentado un cambio claro en los últimos años. Los conocidos documentales al viejo estilo (*'blue chip'*) usaban una narrativa en la que nos llevaban a hábitats naturales alrededor del mundo, celebrando lo impresionante y poderosa que es la naturaleza. Usualmente permitía observar el comportamiento de un animal espectacular expuesto en su eterno hábitat natural sin modificar por la intervención humana (el presentador delante de la cámara o el domesticador detrás de ellos, Cottle, 2004).

La necesidad de atraer audiencias condujo a que los programas sobre la naturaleza fueran dominados por las 'mandíbulas y garras', 'asesinos supremos', y 'guías hacia lo increíble'. Tales programas son presentados por exuberantes y a menudo glamurosas celebridades (en lugar de presentadores) diciendo improperios y superlativos acompañados por una molesta y a menudo irrelevante banda sonora. El cambio a este estilo de programa es enteramente impulsado por los consumidores:

> Los espectadores ya no buscan películas de gran presupuesto que se concentran en el comportamiento animal aislado. Quieren historias con las que identificarse y relatos fuertes basados en personas. Estamos introduciendo más ciencia, historia, animación y fantasía en nuestras películas[1].

John Lynch (director de *BBC Horizon* y responsable adjunto de *BBC science*) también apoya este punto de vista y apela a la comunidad científica a hablarle sobre "un ratón en una bicicleta voladora" en lugar de sobre aerodinámica o la locomoción a dos pedales. Él usa este ejemplo para destacar cómo sus programas han sido diseñados para hacer un llamamiento a los espectadores no comprometidos a contar historias más que a presentar hechos (Lynch, 1998). Esta opinión es apoyada por otros directivos: "La anticuada lección de biología ha cambiado. Queremos encontrar fuertes y emotivos hilos argumentales y más interacción con la gente"[2].

Tal 'ventana a la naturaleza' ha sido criticada por algunos por el hecho de que no hacen nada que nos ayude a tomar parte en la naturaleza, por ejemplo 'el ecosistema está allí y nosotros aquí' y que esos documentales *'blue-chip'* "evitan cual-

1. Paul Sowerbutts, director de Granada United Wildlife, citado en *Broadcast*, 6 October 2000: 21.
2. P ul Sowerbutts, director de Granada United Wildlife, citado en *Broadcast*, 24 Aug 2001: 2. Citado en en Cottle, 2004.

quier sensación de que los humanos afectan a la naturaleza o incluso que viven en el mismo planeta" (Mabey, 2003).

Otra estrategia empleada por los medios (tanto de radiodifusión como impresos) para atraer a la audiencia es el argumento emocional. Las tragedias humanas, los dolores y a veces las alegrías son todas emociones con las que nos podemos identificar y atraer a un gran número de espectadores.

Hay evidencias de que los productores son disuadidos de producir programas bien informados sobre cuestiones políticas y medioambientales, ya que rápidamente pierden actualidad y, por tanto, tienen una corta vida útil.

Hay una gran cantidad de pruebas de investigación para demostrar que el 'poder de la historia' puede ayudar a disipar las ideas erróneas y ofrecer un esquema en el que los estudiantes pueden identificar nuevos y viejos conceptos (Stamp y Armstrong, 2005).

No obstante, sabemos que las historias y la narrativa no son la única respuesta para proporcionar una buena comunicación en ciencia. Norris *et al* (2005) argumentan que –a pesar de que puede desempeñar un rol importante– los estudiantes deben todavía aprender a interpretar y la argumentación y exposición crítica.

La principal relación que tenemos con la naturaleza es a través de nuestras emociones donde, a través de los sentimientos y de la imaginación, podemos experimentar una conexión (Mabel, 2003).

Entre las técnicas narrativas, aparecen varias formas de simplificación, una gama que va desde el establecimiento del argumento de la película hasta eliminar las controversias científicas. Otro recurso narrativo importante es el antropomorfismo, el cual es a menudo criticado por científicos y cineastas pero, como León (1998) correctamente señala, puede ser un instrumento útil si se emplea de forma prudente.

5.1. Simplificación

Se asume que la televisión no es el mejor medio para ofrecer grandes cantidades de información. Las películas documentales presentan una imagen simplificada de aquello a lo que están dando cobertura. No hay duda de que la divulgación depende de la simplificación porque es probablemente el único modo de obtener un alto grado de exposición de la audiencia.

La película necesita argumento, o secuencias de ideas, para atraer la atención del espectador. No obstante, simplificar la ciencia no es tarea fácil, por lo que debes saber la distancia que puedes recorrer en la simplificación. Algunos científicos piensan que la simplificación significa inevitablemente distorsión de la realidad. Por el contrario, otros consideran que es posible ofrecer una explicación verdadera del tema científico con términos relativamente sencillos.

5.2. Antropomorfismo

Los divulgadores a menudo han hecho su trabajo con alguna ayuda de la atribución de formas y actitudes humanas a otros seres los cuales, de hecho, no los tienen. Esta técnica se basa en la asunción de que los seres humanos pueden entender más fácilmente lo que está relacionado con otros seres humanos. En general, los científicos desaprueban el antropomorfismo porque piensan que puede conducir a una interpretación falsa del mundo.

5.3. Técnicas dramáticas

Entre las técnicas dramáticas, el desarrollo de la trama es un recurso especialmente relevante para atraer la atención del espectador, así como para crear conflicto y suspense.

Cuando una historia se cuenta por medio de uno o más personajes se pueden usar varios recursos narrativos.

Las estructuras dramáticas pueden funcionar muy bien en la divulgación de los documentales (León, 1998), aunque tienden a evitar las múltiples ramificaciones del conocimiento científico, con el fin de crear un discurso artístico unitario. No obstante, usar técnicas dramáticas no necesariamente significa distorsión de la realidad. Los cineastas son libres para identificar elementos del mundo que funcionan bien en el drama. Y, afortunadamente, la ciencia está llena de historias, conflictos y suspense.

Las figuras retóricas más comunes en este enfoque son las siguientes:

Figuras de semejanza como la metáfora o la personalización.

- Metáfora: una comparación tácita entre cosas de naturaleza distinta. Son muchos los ejemplos de metáforas, que se pueden encontrar en el discurso de la comunicación de la ciencia. Los títulos de algunos documentales ofrecen buenas ilustraciones "La Guerra del Tigre", "Francisco Boix: Un Fotógrafo en el Inferno", "L'Empire des Nombres"o "La Reina de las Árboles".
- Personalización: (antropomorfismo): una comparación a través de la cual las cualidades humanas son asignadas a otros objetos. "Living with Bugs" o "La Marcha del emperador" son dos ejemplos.

Figuras de gradación como la amplificación.

- Amplificación: la expansión de un tema a través del ensamblaje de detalles relevantes. En otras palabras, la amplificación permite llamar la atención, destacar, y ampliar una palabra o idea para asegurarse de que el espectador se da cuenta de su importancia o centralidad en el debate.

Algunos de los ejemplos más claros del uso de este proceso de amplificación resultan del potencial tecnológico de la representación visual, que permiten las nuevas tecnologías. El campo de la biología es probablemente el que tiene registrado un mayor uso de este recurso. Documentales como "El Principio de la Vida" o "Fabricando al Hombre Perfecto" nos llevan a un mundo microscópico de hermosas naranjas, azules y rosas "profundo dentro de nosotros mismos", que representa el viaje de un espermatozoide a través de entornos altamente estéticos. Vemos la división celular, escrutando la aparición periódica de las características anatómicas hasta que una nueva persona nace. Gracias a las magníficas imágenes, la dimensión artística de la comunicación queda enfatizada y todo cobra una dimensión que va más allá de la simple información sobre "hechos", ya que envuelve al espectador en una experiencia sensorial.

6. Conclusiones

En los últimos años ha habido un claro avance en las capacidades de las tecnologías audiovisuales, así como en su disponibilidad. La visualización científica se ha convertido en una importante herramienta para los científicos. No obstante, dada la importancia de las demostraciones visuales sobre ciencia, ha habido poca investigación en esta área. El análisis de la comunicación científica ha estado centrado principalmente en torno a los mensajes escritos. Este desequilibrio puede ser debido al hecho de que los métodos para analizar material verbal están más desarrollados que los que permiten analizar imágenes. Esta falta de investigación puede causar problemas en múltiples niveles: desde la producción de documentales de menos calidad hasta el desarrollo de conceptos erróneos en audiencias.

Era nuestro punto de partida que la comunicación eficaz de la ciencia por los documentales requiere un tipo especial de discurso, lo cual no es solo una cuestión de simplificación del mensaje sino uno distinto, con sus propias características, valores y dificultades. A pesar de lo respetable que pueda ser la difusión pública de una materia científica, a menos que su tratamiento visual sea interesante, relevante y entretenido la audiencia no decidirá verlo.

En resumen, nuestro análisis preliminar conduce a la conclusión de que la inmensa mayoría de ejemplos que hemos investigado no transmiten el adecuado conocimiento científico divulgado ni la adecuada orientación social. El análisis del contexto en el que se informa sobre la ciencia es una delicada y compleja materia y necesita un análisis más prudente.

Sin embargo, como los buenos divulgadores prueban, es posible alcanzar un equilibrio entre rigor científico e interés periodístico. A pesar de tales dificultades, se pueden encontrar algunos ejemplos que tienen éxito en el establecimiento de un vínculo efectivo entre temas científicos e interés de los espectadores, comunicando la ciencia de una manera interesante y comprensible. Una de las claves de este equilibrio es simplificar los temas hasta el punto que la audiencia los entienda, sin simplificarlos excesivamente.

Para que una película/documental sea efectiva, el director debe establecer una conexión entre los personajes y la audiencia. Esta conexión puede ser creada de distintas maneras. Cada escena debe presentar a la audiencia una mentalidad muy específica y es aquí donde la combinación de retórica visual y auditiva entra en juego.

La retórica puede atraer nuestra atención hacia la voz subjuntiva de la imagen, hacia un hipotético 'pudiera' más que hacia el indicativo 'es'. Más que ver la imagen como una evidencia de lo que es, la voz subjuntiva propone la ilustración, como un proyector de las creencias culturales sobre varias cuestiones. Nos permite imaginar una amplia gama de acciones posibles y resultados del acontecimiento capturado en la película.

Bibliografía

BIXLER R. D., FLOYD M. F. (1997): "Nature is scary, disgusting and uncomfortable." en *Environment and Behavior*, 29, 443-467.

BLAKESLEY, D. (2004): "Defining Film Rhetoric: The Case of Hitchcock's Vertigo." Defining Visual Rhetorics. *Ed. Charles A. Hill. Mahwah, New Jersey: Lawrence Erlbaum* Associates.

BOOTH,W. (1961): *The Rhetoric of Fiction*, Chicago: University of Chicago.

BRUNER, J. (1990): *Acts of Meaning*, Harvard University Press

BRUNER, J. (1996): *The Culture of Education*, Harvard University Press

BURKE, K. (1969): *A Rhetoric of Motives*, Berkeley: University of California Press.

COTTLE, S. (2004): "Producing nature(s): on the changing production ecology of natural history TV" en *Media, Culture & Society*. Vol 26(1): 81–101.

ENTMAN, R. M. (1993): "Framing: Toward Clarification of a Fractured Paradigm." *Journal of Communication* 43 (4): 51-8Z..

FAHNESTOCK, J. (1986): "Accommodating Science: The rhetorical life of Scientific facts" en *Written Communication* 3:3, 275-296,

HESSELINK, F. (2001): *Communicating Biodiversity: 10 Facts of Life* (online). URL: www.drostan.org/projects/A789/biodivdocs.htm.

KROTO, H. (1997): Message to the medium: Television is the ideal place to explain science. *Sunday Times*. 9 November 1997. Available at www.vega.org.uk/news/internal/6

LANHAM, R. (2004): "Digital Literacy," en *Visual Rhetoric in a Digital World; A Critical Sourcebook*, ed. Carolyn Handa. New York: Bedford/St. Martin's..

LEON, B. (1998): "Science Popularisation through television documentary: A study of the work of British wildlife filmmaker David Attenborough". Paper presentado en el 5º Congreso Internacional de la Comunicación de la Ciencia y la Tecnología, Berlin, 17-19 de Septiembre.

LYNCH, J. (1998): The Mouse with the Flying Bicycle. *Science*. Vol. 282 Nº 5387 pp229-230. American Association for the Advancement of Science.

MABEY, R. (2003): "Biophobia – The trivialization of nature". *Resurgence*, 220, 146-149.

NELKIN, D. (1987): *Selling Science: How the Press Covers Science and Technology*, Nueva York: Freeman.

NICHOLS, B. (1998): *Film and the Uses of Rhetoric*, Society for Cinema Studies.

STAFFORD, B. (2004): "Visual Pragmatism for a Virtual World," in *Visual Rhetoric in Digital World: A Critical Sourcebook*, ed. Carolyn Handa, Nueva York: Bedford/St. Martin's.

STAMP, N., ARMSTRONG, M. (2005): "Using the "Power of Story" to overcome ecological misconceptions and build sophisticated understanding". *Ecology* 101 July 2005 p. 183. Ecological Society of America: Washington DC.

TURNER, M. (1996): *The Literary Mind: The Origins of Thought and Language*. Oxford University Press,

TURNER, M. (2001): *Cognitive Dimensions of Social Science: The Way We Think About Politics, Economics, Law, and Society.* Oxford University Press.

Capítulo V

La percepción de los científicos sobre el rigor de los documentales

Bienvenido León y Enrique Baquero
Universidad de Navarra

1. Introducción

En el actual panorama televisivo, el entretenimiento es el objetivo de la mayor parte de los programas, muy por delante de la información y la educación (León, 2007: 90). La multiplicación de canales ha incrementado la lucha por la audiencia, generalmente a través de programas de entretenimiento.

Esta búsqueda del entretenimiento no se percibe sólo en aquellos géneros que por definición están orientados hacia este propósito, como los espacios de ficción, musicales o concursos. Por el contrario, también afecta a géneros que tradicionalmente han intentado servir como referencia del mundo real y facilitar su comprensión; por ejemplo, noticias, reportajes y documentales. Es frecuente que los informativos no seleccionen los contenidos en función de la relevancia de los asuntos que se tratan sino por su valor de entretenimiento. Como consecuencia, estos programas se llenan de cuestiones irrelevantes y triviales, así como de asuntos de gran impacto, tales como los desastres y accidentes. Esta tendencia ha adquirido tal magnitud que cabe considerar incluso que el criterio tradicional de noticia ha entrado en crisis.

Las televisiones intentan construir un espectáculo, utilizando como materia prima elementos tomados del mundo real, a través de un proceso peculiar de selección de aquellos asuntos que pueden resultar más entretenidos o incluso divertidos. Por el contrario, los temas que resultan más difíciles de entender para el gran público tienen mayores dificultades para encontrar su sitio en las parrillas de programación, o bien son presentados de forma que se enfatizan los aspectos más entretenidos (Postman, 1991).

En primera instancia, la ciencia se dirige a la razón, a través de procesos de representación que utilizan fundamentalmente herramientas muy especializadas, como la lógica matemática y la experimentación empírica. Por el contrario, la televisión busca fundamentalmente despertar emociones y sentimientos. Además, la ciencia necesita manejar grandes cantidades de información muy pormenorizada, mientras que la televisión selecciona generalmente contenidos ligeros que no requieren una presentación detallada y extensa.

Son varios los géneros televisivos que encuentran en la ciencia su materia prima. Entre ellos, el documental tiene una importancia especial, dada su capacidad de comunicar conocimientos y, al mismo tiempo, sacar provecho de la eficacia de la televisión como medio para comunicar información de forma amena. Para resultar eficaz, el documental suele buscar un equilibrio entre los valores comunicativos impuestos por el medio y el necesario rigor que la ciencia demanda.

En términos generales, el concepto de rigor designa una característica fundamental de cualquier proceso de estudio sistemático de un fenómeno, que tiene como requisito el uso de los métodos apropiados. En el ámbito de la comunicación de la ciencia, el rigor se refiere a la precisión con que se expresa un enunciado, en el sentido de que la transposición de las ideas científicas al texto se realice de modo que no se produzca una distorsión del contenido original. En el caso de los documentales de televisión, cabe analizar el rigor científico atendiendo, al menos, a dos dimensiones:

1. La precisión de la información científica que se presenta. Se considera que una expresión es *precisa* cuando se refiere al objeto designado de una manera exacta e inequívoca. En televisión la expresión rigurosa requiere precisión tanto de las imágenes como de las palabras empleadas.
2. La relevancia de los asuntos y enfoques seleccionados. Se consideran relevantes cuando son pertinentes, relacionados con o aplicables a un asunto determinado. Un texto de información científica es relevante cuando añade información pertinente, que permite al receptor entender el asunto tratado de forma adecuada.

Un criterio opuesto a la relevancia es el *sensacionalismo*, un término utilizado para aludir al concepto de que los medios de comunicación, con frecuencia, escogen temas con un alto potencial para impactar en la audiencia y atraer su atención inmediatamente, en lugar de concentrarse en asuntos socialmente relevantes. El sensacionalismo suele ir unido al *infoentretenimiento*, dado que el impacto es uno de los recursos más utilizados para entretener a la audiencia.

Teniendo en cuenta las características del actual contexto televisivo, el rigor científico no es fácil de combinar con la eficacia televisiva. Sin embargo, la experiencia demuestra que algunos documentales lo consiguen. Estos programas pueden aportar criterios válidos sobre el modo de conseguir el equilibrio entre rigor y valores comunicativos y, por tanto, sobre qué constituye "buena ciencia en TV".

Este capítulo presenta los principales resultados obtenidos en un estudio sobre rigor científico, realizado dentro del proyecto de investigación sobre el documental científico en Europa que da pie a esta publicación.

2. Estudios sobre rigor científico

Los estudios sobre la precisión de los programas de televisión sobre ciencia son escasos y apuntan hacia conclusiones divergentes. Moore y Singletary (1985) estudiaron los informativos de las tres principales cadenas norteamericanas, enviando transcripciones de los textos de las noticias científicas a los mismos científicos que aparecían en ellas, como fuentes de información. Los resultados de este trabajo indican que el 48.5% de los encuestados consideró que las noticias eran "completamente precisas" y el 34.3% las consideraron "generalmente precisas". Un estudio anterior, realizado por Borman (1978) analizó la precisión en artículos de revistas científicas, con la ayuda de un panel de expertos. Entre sus conclusiones, destaca que la mitad de los artículos fueron considerados precisos por al menos ocho de cada diez expertos.

Sin embargo, otros estudios señalan en la dirección opuesta. O'Keefe (1970) realizó una encuesta entre médicos sobre noticias de salud en medios impresos. Los entrevistados criticaron con frecuencia las imprecisiones, enfoques sensacionalistas, parcialidad y falta de criterio de los reporteros. Tankard y Ryan (1974) analizaron artículos de prensa, enviándolos a los científicos que aparecían en ellos como fuentes. Sus conclusiones indican que sólo el 8.8% de los textos no contenía ningún error.

Hasta la fecha no se ha publicado ningún estudio de relevancia sobre la precisión de los documentales de contenido científico, a pesar de que, en principio, este género parece apropiado para solucionar algunas de las limitaciones que los investigadores señalan en otros como las noticias.

Una de las dificultades para lograr la precisión de un texto científico radica en la necesidad de simplificación. Los divulgadores simplifican el contenido científico porque consideran que es la única forma de que el público entienda el mensaje (Nelkin, 1990: 17). La necesidad de simplificar es especialmente relevante en televisión, por tratarse de un medio dirigido a una audiencia amplia, donde impera el contenido ligero basado en breves segmentos de información visual, y en los que las explicaciones profundas son difíciles de incluir.

Uno de los aspectos de la simplificación es la selección de los datos, que resulta necesaria dado que incluir demasiados detalles puede dificultar que la audiencia entienda el mensaje.

Las limitaciones de espacio y tiempo impuestas por los medios dificultan la comunicación de asuntos científicos, que normalmente requieren explicaciones extensas y profundas. En el estudio ya mencionado, Moore y Singletary (1985: 818) concluyen que una de las quejas más frecuentes de los científicos es que en las noticias de televisión "el tiempo adjudicado para el tema no era el adecuado". En el mismo estudio, el 34.45% de los encuestados consideraba que "se habían omitido detalles esenciales".

Aunque la limitación de tiempo es más relevante en las noticias de televisión que en los documentales, también existe en este género. Los documentales suelen seleccionar unas pocas ideas, que son las que constituyen el esqueleto del programa. Tal como señala el divulgador británico David Attenborough, el público no se queda con muchas ideas al ver un programa de televisión, por lo que es importante dejar claras una o dos ideas principales (León, 2005: 18).

Según Calvo Hernando (1977: 81), los periodistas científicos a menudo centran su atención en detalles subalternos, dejando de lado elementos nucleares, lo que resta significado al mensaje. Otros autores coinciden en que "el principal problema del periodismo científico es que sólo cuenta una pequeña parte de todo el tema" (Hartz y Chappell, 1997).

En la selección de los temas y aspectos a tratar entran en juego lo que se ha venido denominando "criterios de interés informativos (*news values*), que han sido definidos como una serie de factores que "parecen ser particularmente importantes" en la selección de las noticias (Galtung y Ruge, 1965: 64–65). Estos criterios funcionan a modo de "estructura profunda o mapa cultural que utilizan los periodistas para dar sentido al mundo" (Hall et al., 1978: 54).

Pero la selección de noticias es un tema complejo en el que, además de los criterios de interés informativo, hay que tener en cuenta otros factores. Tal como recuerdan Clark e Illman (2006: 497), los estudios indican que en el proceso de selección influyen elementos diversos, como los intereses y experiencia de editores y periodistas, la necesidad de atraer a la audiencia "adecuada", así como las tendencias dominantes en el ámbito de la ciencia y la tecnología.

Las imágenes en dos y tres dimensiones, creadas por ordenador, se usan cada vez más en televisión. Gracias a ellas es posible presentar temas que tradicionalmente no eran adecuados para la televisión, ya que las imágenes ofrecidas eran escasas o poco interesantes.

Conforme las herramientas de producción de animaciones en 3D han sido más asequibles y fáciles de utilizar, han ido apareciendo formas híbridas de información y ficción, que resultan eficaces para presentar cuestiones científicas a una audiencia amplia. Sin embargo, el uso de este recurso plantea problemas de posible falta de rigor científico.

Este tipo de imágenes se presentan ante el espectador como teorías más o menos plausibles en ciencias como la paleontología o la física. Por ejemplo, en la serie de la BBC *Caminando entre dinosaurios* (1999), vemos una representación de los dinosaurios basada en teoría científicas que permiten explicar cómo eran y se comportaban estos seres prehistóricos. Pero el uso de estas herramientas puede crear problemas adicionales de rigor. Según Darley (2003: 209), esta serie ejemplifica un enfoque postmodernista del documental científico, en el que el contenido real queda eclipsado por la fascinación del espectáculo de la ciencia. Por el contrario, otros autores consideran que la búsqueda de ciencia espectacular se basa en imágenes creadas a partir del conocimiento científico y son fuente de conocimiento en sí mismas. Tal como afirma Van Dijck (2006), estos recursos visuales tienen un carácter constructivo, más que meramente ilustrativo.

Uno de los elementos clave de cualquier texto de divulgación científica, como un documental, reside en saber si consigue explicar, al menos de forma básica, las cuestiones científicas que aborda. La explicación de asuntos científicos puede ayudar al público a entender el significado de los temas tratados (Myers et al., 1983; Loman y Mayer, 1983; Mayer, 1983). Sin embargo, varios estudios sobre información científica en medios impresos indican que las explicaciones de conceptos científicos son escasas (Corbett, 1995; Long, 1999), lo que supone que en muchos casos el público no entiende el significado del mensaje (Rowan, 1999: 26).

La explicación de conceptos científicos no es frecuente en televisión. Generalmente se evitan, en un intento de facilitar que el espectador siga el programa. No conviene olvidar que, tal como señala González Requena (1986: 65), la imagen "carece de la potencia conceptual de la palabra". En los documentales, los conceptos científicos se explican generalmente a través de la narración. Pero una explicación eficaz no se consigue fácilmente con conceptos complejos, si las imágenes no contribuyen a la explicación.

En la valoración del rigor científico de un texto cabe considerar también si se presenta una visión realista de los científicos y de los métodos empleados. Según algunos estudios sobre este asunto, la representación es con frecuencia poco precisa. En general, los científicos aparecen representados como individuos sin compromiso social y a menudo siguen arquetipos tomados de la tradición literaria, como por ejemplo el "alquimista", el "salvador de la Humanidad" o el "loco despistado" (Haynes, 2003).

Otra fuente de posibles problemas en la relación entre la ciencia y los medios está relacionada con la objetividad. Para los científicos, la objetividad es un valor fundamental, dado que deben emplear métodos que permitan comprobar las hipótesis con experimentos reproducibles por los colegas de la disciplina. Por el contrario, en el ámbito del periodismo, el concepto de objetividad ha sido sustituido por el de honradez, dado que resulta prácticamente imposible evitar que el periodista adopte un punto de vista subjetivo.

En cuanto al sensacionalismo, los estudios realizados por Johnson (1963) revelan que, comparados con los redactores, los científicos y el público en general, los editores tienen mayor tendencia a favorecer el sensacionalismo y tienen menos en cuenta el valor estrictamente científico de un hecho, a la hora de juzgar su interés informativo. Otro estudio indica que los editores de medios urbanos no están predispuestos a seleccionar noticias científicas y suelen preferir las que adoptan un enfoque sensacionalista o las que presentan un conflicto de gran entidad. Según Moore y Singletary (1985: 818), algunos científicos se mostraron preocupados por el enfoque sensacionalista adoptado en algunas noticias de televisión sobre ciencia. Por ejemplo, a veces, un desarrollo científico se presentaba incorrectamente como un "hito".

En cuanto a los documentales, la selección de temas no se encuentra sometida a los mismos criterios. Sin embargo, sí pueden aplicarse algunos de los que resultan habituales en la selección de noticias, dado que en ambos casos es necesario despertar el interés del público.

En las últimas décadas parece haberse modificado el concepto de noticia, para incluir hechos triviales cuyo único valor es su capacidad para entretener a la audiencia. Por tanto, la información adquiere grandes dosis de espectáculo, con el fin de lograr la mayor audiencia posible. Este contexto resulta hostil para determinados contenidos, que no son en absoluto triviales, y necesitan explicarse con cierta profundidad. Este es el caso de la ciencia.

De acuerdo con Imbert (2003: 37), el peligro de trivializar el contenido es que el entretenimiento impida la reflexión. Esta idea puede aplicarse a los programas sobre ciencia, cuyo propósito no es estrictamente educativo pero se basan en temas "serios", cuyo entendimiento requiere reflexión.

En el documental, el entretenimiento cobra cada vez más importancia, conforme camina hacia formas híbridas en las que el drama adquiere más presencia. El documental dramatizado es uno de los tipos que mejor define esta tendencia.

Según algunos críticos, el predominio del entretenimiento crea varios problemas en la relación entre ciencia y televisión. Entre ellos destaca la crisis de este medio como referencia del mundo real, propiciada por la búsqueda de altos índices de audiencia, como criterio fundamental en la selección y enfoque de los temas (León *et al.*, 2007).

En el marco de la investigación que sirve de punto de partida a este libro –cuyas líneas fundamentales han sido presentadas en el capítulo introductorio–, se ha incluido un estudio sobre rigor científico.

Para esta investigación, seleccionamos una muestra de 20 documentales de diferentes temas (anexo 1), cada uno de los cuales fue evaluado por dos expertos en esa disciplina científica. Los expertos fueron seleccionados a partir de la red de contactos de los autores y son generalmente profesores universitarios especialistas en el tema que aborda cada documental (anexo 2).

Tras ser contactados por *email*, los expertos visionaron los documentales mediante un sistema *on line*, a partir de una base de datos accesible a través de Internet. Tras el visionado, contestaron a una encuesta *on line*, a través del sitio "encuestafacil.com". El cuestionario constaba de 23 preguntas, divididas en cuatro categorías: tema, fuentes, comunicación y rigor científico (anexo 3). Del grupo de 40 expertos que accedieron a participar en el estudio, solo 24 llegaron a completar el cuestionario. 12 documentales fueron visionados por dos expertos, mientras que los ocho restantes solo fueron valorados por un experto.

3. Resultados y discusión

Según las respuestas de los expertos, los documentales analizados mantienen un buen nivel de calidad, en cuanto a la selección de la información y la profundidad de las explicaciones científicas ofrecidas. Además, la mayoría de los encuestados considera que la duración de los programas resulta adecuada al tema tratado, lo que cabe interpretar como un indicador de la gran capacidad potencial del documental para comunicar cuestiones científicas. Los expertos también consideran que el nivel de profundidad con el que se tratan los temas resulta apropiado. Este dato es especialmente llamativo, teniendo en cuenta la tradicional limitación de la televisión (incluidos los documentales) para comunicar cualquier asunto con profundidad.

Según los científicos, el aspecto más débil de los documentales analizados está relacionado con la omisión de detalles esenciales, una carencia que señala casi la tercera parte de los encuestados. Además, las respuestas de los expertos apuntan que las anécdotas y los elementos accesorios han sido enfatizados en exceso. Según estas valoraciones, los programas donde es más evidente la ausencia de información relevante son los de ciencias naturales.

Una posible fuente de imprecisión es el orden de las ideas incluidas en un programa. La ciencia tiende a diversificar su razonamiento, mientras que el documental necesita presentar un texto unitario. Y cuando las ideas se organizan en un orden inadecuado, el lector puede percibir un mensaje confuso. Sin embargo, en los documentales analizados en nuestro estudio, la mayor parte de las producciones parecen estar estructuradas siguiendo un orden claro.

El lenguaje visual recibe una valoración muy positiva, por parte de los expertos consultados. La mayoría de los encuestados valora las imágenes y su relación con el lenguaje oral como "apropiadas" y "de buena calidad". La valoración del lenguaje oral es algo menos positiva. Las películas que reciben peor valoración, a este respecto, son las de ciencias naturales (tabla 4).

Las respuestas a la encuesta indican que en la mayoría de los documentales se explican los conceptos científicos necesarios para entender lo que se cuenta. Sin embargo, un porcentaje relevante de encuestados (20.8%) detecta algún problema en relación con este asunto. Esto corrobora resultados de investigaciones anteriores, que señalan la dificultad de explicar adecuadamente los conceptos científicos en programas de televisión (tabla 5).

Sólo 15 de los expertos encuestados contestan a la pregunta sobre los métodos científicos, lo que sugiere que los documentales no prestan demasiada atención a este asunto. La valoración de la imagen de los científicos en los documentales analizados es la más negativa de todas las cuestiones planteadas en el estudio. Un tercio de los encuestados afirma que las películas no ofrecen una imagen realista de los científicos y su trabajo (tabla 6).

Sin embargo, los documentales analizados se perciben como objetivos. Esto sugiere que los científicos consideran que no se ha producido una distorsión relevante del asunto tratado, como consecuencia de que el autor haya impuesto un punto de vista subjetivo (tabla 6).

El nivel científico de las fuentes y asesores que aparecen en los documentales se considera "alto" por el 78.3% de los encuestados (tabla 8). Este dato corrobora la buena valoración que, en términos generales, los expertos conceden a los distintos aspectos del rigor científico en los programas. Más de las dos terceras partes de los encuestados consideran que el nivel científico de los documentales es "alto", dato que corrobora la buena valoración general otorgada a los documentales analizados.

Tal como muestra la tabla 3, sólo un pequeño porcentaje de los documentales (16.7%) es considerado "sensacionalista", lo que debe entenderse como otro índice la calidad de los documentales seleccionados. Sin embargo, dos de ellos sí son calificados como "sensacionalistas": *Neanderthal* y *Living with Bugs*. En ambos casos, hay algunas secuencias que enfatizan aspectos llamativos del tema tratado. Por ejemplo, la secuencia inicial de *Living with Bugs* muestra a varios insectos comportándose como seres humanos en el ambiente humanizado de una casa. Posteriormente el documental analiza de forma equilibrada y rigurosa la relación entre insectos y seres humanos. Esta secuencia inicial es un comienzo muy eficaz para captar la atención del público, y sin embargo es valorada por los científicos como "sensacionalista". Es decir, parece que, en este caso, la primera secuencia determina en gran medida la percepción de los expertos sobre el conjunto del trabajo.

En estos dos documentales los expertos aprecian también otros signos de falta de rigor, como la falta de precisión en los datos y el uso de mitos e hipótesis en lugar de hallazgos científicos. Por el contrario, en la mayoría de los documentales analizados, no se detectan estos problemas.

Otros aspectos que reciben una valoración positiva casi unánime son la selección de los temas, que se considera apropiada. La gran mayoría de los encuestados coincide en que los temas son actuales, originales y relevantes, desde el punto de vista científico. Esta valoración es especialmente positiva en los documentales sobre matemáticas, física y tecnología.

En términos generales, hay muy pocas diferencias entre las respuestas de los dos expertos que valoran cada documental, lo que puede interpretarse como una confirmación de los resultados.

4. Conclusión

Las respuestas a la encuesta indican que los documentales seleccionados mantienen un buen nivel de rigor científico. Esto indica que es posible conseguir programas equilibrados, que mantengan las dosis adecuadas de entretenimiento y rigor científico, algo que confirma el hecho de que los programas seleccionados hayan logrado un amplio reconocimiento por parte de programadores y festivales internacionales, como buenos documentales de televisión.

En general, los resultados del estudio permiten dibujar un cuadro más positivo del que se desprende de anteriores investigaciones. Por ejemplo, el sensacionalismo solo se detecta en un pequeño porcentaje de películas. Sin embargo, hay que tener en cuenta que la muestra seleccionada representa el segmento de mayor calidad dentro de la producción europea de este género, y no necesariamente la media de los documentales que se emiten actualmente en televisión. Sería necesario un nuevo estudio, con una muestra distinta, para valorar el rigor medio de los programas emitidos.

Además, la mayoría de las respuestas negativas ("en total desacuerdo" o "en desacuerdo") se refieren a unas pocas películas. Esto indica que los diversos aspectos del rigor parecen haberse tenido en cuenta en la gran mayoría de las películas. No hay diferencias relevantes entre las distintas áreas temáticas, por lo que del estudio no cabe deducir que sea más difícil conseguir el rigor en unos temas que en otros.

Los aspectos que han recibido una evaluación más negativa están relacionados con la selección de la información y el nivel de profundidad con el que se presentan. Más concretamente, un porcentaje relevante de las respuestas apunta que algunos elementos accesorios han sido enfatizados en exceso, mientras que algunos detalles esenciales se han omitido. Este parece ser el aspecto del rigor más difícil de conseguir, cuando el entretenimiento es también un objetivo importante para un documental.

La imagen de la ciencia y la representación del método científico reciben el porcentaje negativo más alto de todas las respuestas de la encuesta (33.3%). Este es otro aspecto que en algunos casos parece difícil de conciliar con los valores de entretenimiento, ya que a menudo los documentales se centran en los resultados de la investigación y su aplicación a la vida cotidiana, más que en el proceso de investigación científica que ha llevado a esos resultados.

Nuestro estudio demuestra que es posible compaginar rigor y entretenimiento, si bien algunos aspectos arriba señalados –como una imagen rigurosa de los científicos y del proceso de investigación –, parecen más difíciles de lograr que otros. Sin embargo, se trata de aspectos esenciales para transmitir al público una imagen certera de la ciencia, que redunde en beneficio de la sociedad. Por tanto, sería recomendable la inclusión de estos aspectos en los programas.

Bibliografía

ALLAN, S. (1998): "News from nowhere: Televisual news discourse and the construction of hegemony". En A. Bell & P. Garrett (Eds.), *Approaches to media discourse* (pp. 105-141). Oxford, UK: Blackwell.

ALTHAUS, S.L., EDY, J.A., PHALEN, P.F. (2002): "Using the Vanderbilt television abstracts to track broadcast news content: Possibilities and pitfalls". *Journal of Broadcasting and Electronic Media*, 46, 473–492.

BORMAN, S. (1978): "Communication Accuracy in Magazine Science Reporting". *Journalism Quarterly*, 47, 99–100.

CORBETT, J. (1995): "When Wildlife Make the News: An Analysis of Rural and Urban North-Central US Newspapers". *Public Understanding of Science*, 4, 397–410.

DARLEY, A. (2003): "Simulating Natural History. Walking with Dinosaurs as Hyper-real edutainment". *Science as Culture*, 12, 227–256.

DUBAS, O., MARTEL, L. (1975). *Media impact: A research study on science communication.* Ottawa: Ministry of State.

CLARK, F., ILLMAN, D. (2006): "A Longitudinal Study of the New York Times Science Times Section". *Science Communication*, 27(4), 496–513.

FRIEDMAN, S. M., DUNWOODY, S., ROGERS, C. L. (1986): "Introduction". En S. M. Friedman, S. Dunwoody & C. L. Rogers (Eds.), *Scientists and journalists: Reporting science as news* (pp. xi-xvii). New York: Free Press.

GALTUNG, J., RUGE, M. (1965): "The Structure of Foreign News: the Presentation of the Congo, Cuba and Cyprus Crises in Four Norwegian Newspapers," *Journal of International Peace Research* 1, 64–91.

GONZÁLEZ REQUENA, J. (1989): *El espectáculo informativo*. Madrid: Akal.

HAYNES, R. (2003). "From alchemy to artificial intelligence: stereotypes of the scientist in Western Literature". *Public Understanding of Science*, 12, 243–253.

HALL, S., CRITCHER, CH., JEFFERSON, T., CLARKE, J., ROBERTS, B. (1978). *Policing the Crisis: Mugging, the State, and Law and Order*. London: Macmillan.

HARTZ, J., CHAPPELL, R. (1997): *Worlds apart: How the distance between science and journalism threatens America's future*. Nashville, TN: First Amendment Center.

IMBERT, G. (2003): *El Zoo visual. De la televisión espectacular a la televisión especular*. Barcelona: Gedisa.

JOHNSON, K. G. (1963): "Dimensions of judgment of science news stories". *Journalism Quarterly*, 40, 315–22.

LEÓN, B. (2005): "Science Communication Techniques in Television Documentaries: A Study of the Work of David Attenborough". En *Sanitt, N. (Ed.), Motivating Science. Science Communication from a Philosophical, Educational and Cultural Perspective*, (pp. 13-28). Luton: The Pantaneto Press.

LEÓN. B. (2007): "Commercialisation and Programming Strategies of European Public Television. A Comparative Study of Purpose, Genres and Diversity". *Observatorio (*OBS) Journal*, 1 (2), 2007, 81–102.

LEÓN, B., GIMÉNEZ, E., LÓPEZ, M. (2007): "La ciencia como medio de entretenimiento. El caso del documental científico en Europa". Actas del Congreso *Cultura científica y cultura democrática. IV Congreso de comunicación social de la ciencia*, Madrid, 21–23.

LOMAN, N.L., MAYER, R.E. (1983): "Signalling Techniques that Increase the Understanding of Expository Prose". *Journal of Educational Psychology*, 75, 402–12.

LONG, M. (1995): "Scientific Explanation in US Newspaper Science Stories". *Public Understanding of Science*, 4, 119–30.

MAYER, R.E. (1983): "What We Have Learned about Increasing the Meaningfulness of Scientific Prose". *Science Education*, 67(2), 223–37.

MOORE, B., SINGLETARY, M. (1985). "Scientific sources' perceptions of network news accuracy". *Journalism Quarterly*, 62, 816–823.

MYERS, J.L., HANSEN, R.S., ROBSON, R.C., MCCANN, J. (1983). "The Role of Explanation in Learning Elementary Probability". *Journal of Educational Psychology*, 75: 374–81.

NELKIN, D. (1995): *Selling Science: How the Press Covers Science and Technology*. New York: Freeman and Company.

O'KEEFE, M. (1970): The Mass Media as Sources of Medical Information for Doctors. Journalism Quarterly, 47, 99–100.

POSTMAN, N. (1991): *Divertirse hasta morir: el discurso público en la era del "show business"*, Badalona: Ediciones de la Tempestad, 1991.

ROWAN, K. (1999): "Effective Explanation of Uncertain and Complex Science". En S.M. Friedman, S. Dunwoody, and C.L. Rogers (Eds.), *Communicating Uncertainty: Media Coverage of New and Controversial Science* (pp. 201–23). Mahwah, NJ: Lawrence Erlbaum.

TANKARD, J., RYAN, M. (1974): "News Source Perceptions of Accuracy of Science Coverage". *Journalism Quarterly*, 51, 219–25, 334.

VAN DIJK, J. (2006): "Picuturizing Science. The Science Documentary as Multimedia Spectacle". En J. Willems and W. Goepfert, *Science and the Power of TV* (pp. 47–61). Amsterdam: VU University Press & Da Vinci Institute.

Anexo 1. Tablas de resultados de la encuesta (%)

Tabla 1. Selección y profundidad

	TD [1]	D	A	TA
La información está bien seleccionada e incluye los elementos nucleares del tema (incluyendo incertidumbres y controversias, cuando existan)	8.7	17.4	60.9	13.0
Cada aspecto del tema presentado tiene la atención adecuada. Las anécdotas y elementos subalternos no están enfatizados en exceso	0.0	29.2	45.8	25.0
El tema se presenta con la longitud adecuada	0.0	8.3	66.7	25.0
El tema se trata con la profundidad adecuada	4.2	16.7	70.8	8.3
No se han omitido detalles esenciales	0.0	30.4	65.2	4.3
Los distintos aspectos del tema se han situado siguiendo un orden claro	8.3	8.3	54.2	29.2

Tabla 2. Criterios de selección

	TD	D	A	TA
El tema es actual	0.0	12.5	45.8	41.7
El tema es original	0.0	29.2	45.8	25.0
El tema es relevante desde el punto de vista científico	0.0	8.3	54.2	37.5

1. Abreviaturas. **TD**: Estoy totalmente en desacuerdo. **D**: Estoy en desacuerdo. **A**: Estoy de acuerdo. **TA**: Estoy totalmente de acuerdo. Las cifras representan los porcentajes de respuesta a cada opción.

Tabla 3. Sensacionalismo

	TD	D	A	TA
El tema se aborda de un modo riguroso, alejado del sensacionalismo	12.5	4.2	54.2	29.2
El tema se aborda de un modo riguroso, sin presentar mitos como hecho científicamente demostrados	4.5	4.5	72.8	18.2
El tema se aborda de un modo riguroso, sin presentar hipótesis como hechos científicamente demostrados	0.0	8.7	69.6	21.7
Se incluyen datos precisos	0.0	16.7	62.5	20.8
El tema se trata de forma precisa, sin distorsión de la información recogida	0.0	17.4	52.2	30.4

Tabla 4. Lenguaje oral y visual

	TD	D	A	TA
El lenguaje oral es de buena calidad y tiene una capacidad adecuada de comunicación	0.0	12.5	54.2	33.3
El lenguaje visual es de buena calidad	4.2	0.0	50.0	45.8
Las imágenes son apropiadas. No hay errores o falta de relación entre las imágenes y el mensaje oral	0.0	4.2	66.7	29.2

Tabla 5. Explicación de conceptos científicos

	TD	D	A	TA
Se explican con claridad los conceptos científicos necesarios	0.0	20.8	58.3	20.8

Tabla 6. Imágenes de la ciencia

	TD	D	A	TA
El documental presenta una imagen realista de los científicos y su trabajo (en su caso)	0.0	33.3	55.6	11.1
Se explican con claridad los métodos científicos (en su caso)	0.0	33.3	60.0	6.7

Tabla 7. Objetividad

	TD	D	A	TA
El tema se presenta de forma objetiva	0.0	16.7	58.3	25.0

Tabla 8. Nivel científico

	TD	D	A	TA
El nivel científico de las fuentes y asesores es alto	0.0	21.7	52.2	26.1
El nivel científico es alto	4.2	25.0	58.3	12.5

Anexo 2. Lista de expertos que participaron en la encuesta

José Ramón Alfaro (Universidad Pública de Navarra, Departamento de Proyectos e Ingeniería Rural), Arturo H. Ariño (Universidad de Navarra, Departamento de Zoología y Ecología), Javier Armentia (Planetario de Pamplona), Mª Carmen Escala (Universidad de Navarra, Departamento de Zoología y Ecología), Rafael Escobedo Romero (Universidad de Navarra, Departamento de Historia), Joaquín Gosálbez (Universidad de Barcelona, Departamento de Biología Animal), Gemma Grau (Hospital de Cruces, Vizcaya), José Manuel Guerra (Universidad de Sevilla, Departamento de Fisiología y Zoología), Francisco Guillén (Clínica Universitaria de Navarra), Victor Iraola (Laboratorios Leti, Madrid), Rafael Jordana (Universidad de Navarra, Departamento de Zoología y Ecología), Mariano Larráz (Universidad de Navarra, Departamento de Zoología y Ecología), Beatriz Marcotegui Barber (Universidad de Navarra, Archivo General), Juana María Marín (Universidad del Rosario, Bogotá, Departamento de Historia; Universidad del Bosque, Bogotá, Departamento de Humanidades), David Martín (Instituto de Ciencias Matemáticas, CSIC-UAM-UC3M-UCM), Daniel Morcillo (Colegio Erain, Bilbao), Paula Novo (Universidad Politécnica de Madrid, E.T.S.I. Agrónomos, Dpto. Economía y Ciencias Sociales Agrarias), Griselda Pulido Flores (Universidad Autónoma del Estado de Hidalgo, Centro de Investigaciones Biológicas), Jordi Renart i Vila (UN World Food Programme), Roberto Rodriguez (Universidad Politécnica de Madrid, E.T.S.I. Agrónomos, Departamento de Economía y Ciencias Sociales Agrarias), Rosario Ruiz Franco (Universidad Carlos III, Facultad de Humanidades, Comunicación y Documentación), Stella Salvatierra (Universidad de Navarra, Departamento de Métodos Cuantitativos), José Manuel Tierno de Figueroa (Universidad de Granada, Departamento de Biología Animal y Ecología), Ainara Vázquez Varela (Archivo General de Navarra).

Anexo 3. Lista de documentales y temas analizados

The Queen of Trees, Biología; *The Beginning of Life*, Ecología; *Living with Bugs*, Zoología-Entomología; *E=mc2*, Física; *Europe. A Natural History*, Geología-Historia natural; *Casas Viejas*, Historia; *The Legend of Monkeys*, Historia natural; *Walking with Dinosaurs*, Historia natural; *Pompeii. The Last Day*, Historia-Arqueología; *L'Empire des nombres*, Matemáticas; *Making the perfect man*, Medicina; *Trip to the Human Body*, Medicina; *H2O*, Medio Ambiente; *The Life of Mammals*, Naturaleza; *The white diamond*, Naturaleza-Tecnología; *Neanderthal*, Paleoantropología; *Robotic Creatures*, Tecnología.

Anexo 4. Cuestionario

Título: El Rigor en los Documentales Científicos

***1. Su nombre**

***2. Documental visionado**

Excepto para las dos primeras, se solicitaron las siguientes respuestas para todas las preguntas:

Estoy totalmente en desacuerdo
En desacuerdo
De acuerdo
Estoy totalmente de acuerdo

3. El tema es tratado con la extensión adecuada

4. El tema es tratado con la profundidad adecuada

5. El tema se expone de forma ordenada

6. La información ha sido bien seleccionada e incluye los elementos nucleares del asunto tratado (incluyendo incertidumbres y controversias cuando existen)

7. Cada aspecto del asunto tratado recibe la atención adecuada, sin que se ponga demasiado énfasis en elementos anecdóticos o subalternos

8. El lenguaje oral es de buena calidad, con adecuada capacidad de comunicación

9. El lenguaje visual es de buena calidad

10. Las imágenes son adecuadas, no hay errores o falta de relación entre las imágenes y el mensaje oral

11. El asunto se aborda de forma rigurosa, con un enfoque alejado del sensacionalismo

12. El asunto se aborda con rigor, sin presentar mitos como hechos demostrados científicamente

13. El asunto se aborda con rigor, sin presentar hipótesis como hechos demostrados científicamente
14. Se aportan datos exactos
15. El tema se trata con precisión, sin distorsiones de la información recogida
16. El tema está tratado con objetividad
17. No hay omisión de detalles esenciales
18. El nivel científico de las fuentes o asesores es elevado
19. El tema es actual
20. El tema es novedoso
21. El tema es científicamente relevante
22. Se explican con claridad los conceptos científicos necesarios
23. Se explica con claridad el método científico utilizado (si procede)
24. El documental transmite una imagen realista de los científicos y su trabajo (si procede)
25. El nivel científico del documental es alto
26. Si tiene algún comentario que hacernos acerca de alguna de las cuestiones planteadas en esta encuesta, por favor, indique primero el número de la pregunta y después añada su comentario.

Capítulo VI

El documental sobre la naturaleza. Evolución histórica en el mercado televisivo español

Miquel Francés i Domènec
Universitat de València

1. Introducción

El género documental debe informar, educar y entretener, es decir, debe conseguir plenamente los objetivos fundamentales del espacio televisivo. Entretenimiento y amenidad son los elementos clave para que el espectador ofrezca una continuidad y fidelidad en cualquier programación televisiva. Pero los documentales sobre la naturaleza en particular aportan otra característica notable: su planteamiento científico.

Los consumidores de televisión en la fase paleotelevisiva se regían por otros modelos narrativos más cercanos a la descripción científica textual y no conocían, obviamente, el lenguaje audiovisual que existe hoy. La interacción ha llegado con el advenimiento de internet, y esto es lo que hoy intentan emular la televisión y la mayoría de medios convergentes en un nuevo espacio comunicativo. Por lo tanto, los guionistas y creativos de documentales han tenido que adaptarse a nuevos lenguajes, mientras que los productores de documentales sobre la naturaleza han tenido que buscar nuevos formatos y fórmulas televisivas o multimediáticas, a fin de llegar a un gran público que habla diferentes idiomas y vive en latitudes diferentes del planeta Tierra.

Ya han pasado muchos años desde que nuestro Félix Rodríguez de la Fuente muriese en accidente junto a dos miembros de su equipo, mientras filmaba para TVE una carrera de trineos en Alaska. En este periodo, el espacio televisivo español ha reflejado las etapas de la historia catódica y la forma de hacer documentales para diferentes públicos y mercados. La España paleotelevisiva dio pronto paso al espacio neotelevisivo que surgió con la rotura del monopolio de la televisión de Estado, con el advenimiento de la televisión comercial privada y la aparición de la televisión de proximidad o autonómica. Ya estamos inmersos en el apagón analógico, con una fragmentación y ofertas de contenidos televisivos con capacidad de ocupar diferentes formatos y plataformas de emisión.

En todo este veloz proceso, el fascinante género televisivo del documental sigue hoy vigente en la pequeña pantalla. Diferentes temáticas documentales se han ido adaptando a las nuevas formas de hacer y difundir televisión. Documentales de actualidad, viajes, naturaleza y vida animal, aventura, ciencia, etc., se multiplican y constatan que el género ha tenido un fuerte nivel de adaptación a las diferentes formas de producción en cine, televisión y otros medios interactivos. Pero, de entre todas las modalidades de producción de documentales, los de naturaleza han aportado siempre una presencia hegemónica desde los orígenes televisivos hasta nuestros días.

El género documental ha tenido una presencia desigual, en lo referente a la producción y difusión, desde sus inicios a la actualidad. Tal vez nos encontremos en uno de los mejores momentos de la producción de documentales, como consecuencia de la multidifusión y tematización televisiva, propiciada por las tecnologías de digitalización y edición integrada de la información.

2. Definición del género y sus modalidades

La terminología inglesa *documentary,* como nombre originario del género documental, abarca las líneas conceptuales básicas que abastecen el amplio campo de producción documental que actúa de frontera entre la ficción cinematográfica y el realismo de las noticias de actualidad. "A menudo, en el análisis del mercado televisivo, el documental está integrado en el macrogénero de los *factual* o *factual programmes*, según la terminología anglosajona. Los *factual productions* se ocupan de gran parte de los programas de *non-fiction,* tales como reportajes, divulgativos, educativos, culturales y documentales. Pero, además, los documentales pueden entrar a formar una parte de los relatos multimedia como microhistorias que nos dan la posibilidad de formar parte de un macrorelato" (Francés, 2003: 17-18), o como *micro-*

docus que encajan en la nueva programación digital. Por lo tanto, el género documental aporta una gran diversidad de modalidades de producción orientadas a difusiones diferenciadas en la historia los medios audiovisuales que en la actual era digital se han integrado en el flujo multidifusivo.

Los documentales sobre la naturaleza arrancan con el cine científico y se incorporan al medio televisivo desde su nacimiento. Se ocupan de la descripción de fenómenos y procesos reales que ocurren en la flora y fauna del entorno natural de nuestro planeta. Las preferencias temáticas siempre han sido sobre las relaciones de los seres vivos con su entorno. Las relaciones humanas en esta temática también son punto de mira en algunos casos, siempre y cuando intervienen como agentes de interrelación con el medio natural. Por otra parte, las materias muertas han sido temas menos explotados, pero la historia documental también ha realizado grandes series sobre geología, geomorfología o vulcanología. Estos tipos de documentales divulgativos suelen estar ubicados, según sus contenidos, en las proximidades del dominio geográfico. Difícilmente, si no tienen una implicación con el medio y sus seres vivos, se les considera como documentales de naturaleza.

La denominación documental de naturaleza es extensible a aquellos relatos audiovisuales que muestren algún aspecto de la vida en estado natural. La terminología es más genérica y acoge acepciones de rango inferior como historia natural, vida salvaje, vida animal u otros. Casi siempre la vida en estado natural que se muestra, está más próxima al mundo animal que al vegetal. El motivo es doble: por una parte, el mundo animal nos permite la introducción de técnicas de dramatización; por otra parte, el estudio de la vida del mundo animal es más conocida que la vida y el comportamiento de los vegetales. Esta ha sido una tendencia mantenida hasta nuestros días, que podrá tener inclinaciones hacia el mundo de las plantas en la medida que las investigaciones nos demuestren el posible análisis sobre las mismas.

Hoy incluso encontramos autores –próximos al documental sobre la naturaleza– que consideran esta modalidad documental como un género con entidad propia e independiente de las diferentes categorías documentales estudiadas hasta ahora. Tal vez, sería excesiva y poco justificable esta concepción de marcar un género con entidad propia, cuando el documental de naturaleza es un formato y/o modalidad que narra procesos naturales muy bien acotados, y a menudo relacionados con la especie humana.

3. Los orígenes

Las primeras imágenes en movimiento del mundo animal registradas es necesario situarlas ya en el mismo momento que comienza a caminar el cinematógrafo. Poco después de que el astrónomo francés Pierre Jules César Janssen, con su *revòlver photographique,* experimentara en 1874 el paso de Venus frente al sol, el inglés Eadweard Muybridge registraba el galope de un caballo. Hacia 1887, el fisiólogo francés Etienne Jules Marey, a partir del experimento de Janssen, desarrolla un "*fusil photographique* que sigue el vuelo de un pájaro y hace funcionar a intervalos de fracciones de segundo el disparador..." (Barnouw, 1996: 12). Un año después aplica la misma técnica de filmación a la caída de un gato. Nos encontramos, pues, frente a dos experimentos que serán claves para las filmaciones posteriores de documentales de investigación científica y filmes de naturaleza. Por otra parte, los ingleses serán punto de referencia clave en los inicios de las producciones de documentales científicos, educativos y de divulgación del mundo de la naturaleza. Ya en 1900 G.A. Smith muestra el documento más antiguo al grabar en un cortometraje el comportamiento de una araña sobre su telaraña. Oliver Pike es el autor de la primera película, *Tierra de pájaros* (*In Birdland,* 1907) con un formato que se aproxima más a las producciones sobre naturaleza.

Con el discurrir del tiempo van multiplicándose las producciones. Los ingleses y los franceses serán los que tomen las principales iniciativas. El biólogo francés Jean Painlevé introduce una serie de técnicas de producción que tendrán un gran impacto. Sus obras marcan un nivel cuidado de producción y un reconocimiento patente del mundo científico. Sus principales filmes son: *El piojo (Le pieuvre,* 1928*), Huevos de erizo (Oeufs d'Épinoche,* 1928*)* y *Los erizos de mar (Las oursins,* 1928*).* Pero su película más importante es *El caballito de mar (L'Hippocampe,* 1934*).* Sin embargo, pronto tomará fuerza el documental más divulgativo, pues realmente ya comienza a encajar en la distribución cinematográfica, con una excelente acogida por parte del público. Por otra parte, los científicos también observan el enorme potencial que aporta a sus investigaciones y lo utilizan como una herramienta al servicio de sus necesidades. Así, países como Alemania e Inglaterra entrarán pronto en la producción de filmes sobre la naturaleza con unos medios de producción ya bastante cuidados y con el objetivo de explicar el comportamiento de los seres vivos. También en Inglaterra tiene una resonancia importante la producción de este tipo de documentales a lo largo de la década de los treinta.

John Grierson y Julian Huxley realizan obras importantes para el mundo educativo, como *La vida privada del alcatraz (The private Life of the Gannet,* 1934*)*. Y Paul Rotha produce una película, a través de la firma Strand Zoological Production, *Free to roam* (1939), de Stuart Legg.

Mientras, los norteamericanos, desde los inicios, están interesados en imágenes espectaculares y situaciones dramáticas con los que consiguen filmes de gran éxito comercial, a partir de safaris como *La caza, gran juego africano (Hunting big game in África)* en 1909 y *Caza africana (African Hunt,* 1912*)* del coronel Selig. Durante este tiempo, cabe destacar una serie de carácter divulgativo a cargo de Stacy Woodard: *La lucha por la vida (The struggle to life,* 1936*)*. En los Estados Unidos, la producción más contemporánea sobre documentales de naturaleza cabe situarla ya con la llegada de Walt Disney.

4. Etapa paleotelevisiva

La producción televisiva europea de este género es necesario centrarla principalmente a partir de la atención especial que dedica la televisión inglesa BBC, al crear en 1957 en Bristol un departamento especial –Unidad de Historia Natural (NHU)- con la colaboración de científicos, naturalistas o cineastas de renombre, como Gerald Durrell o David Attenborough, entre otros. Pronto, los documentales y series de la BBC se convertirán en punto de referencia obligada para el resto de televisiones mundiales que estrenen la experiencia de la producción de documentales de naturaleza. Entre las principales series de Durrell tenemos: *El naturalista amateur (The amateur naturalist,* 1983*), Durrell en Rusia (Durrel in Russia,* 1986*)* y *Nosotros y otros animales (Ourselves and other animals,* 1987*)*. Mientras que la filmografía de Attenborough es más extensa: "*Zooquet (*1954*), La vida en la tierra (Life on Earth,* 1979*), El planeta viviente (The living planet,* 1984*), La vida a prueba (The trials of life,* 1990*), La vida privada de las plantas (The private life of plants,* 1995*),* o *La vida de las aves (The life of birds,* 1998*)."* (León, 1999: 82). También en Inglaterra, es necesario destacar a partir de los sesenta la serie *Survival, 1961-2001*, de la televisión independiente inglesa ITV, que batirá todos los records de permanencia en una rejilla de programación de una televisión comercial.

Por otra parte, cabe destacar también la filmografía del francés Jacques-Yves

Cousteau, que ofrece por primera vez una visión serializada para televisión de la naturaleza sumergida. Sus relatos suelen adoptar una forma dramática, donde la expedición científica constituye el núcleo narrativo en torno al cual se sitúan los contenidos etnográficos y de la vida animal submarina. A partir de 1943 explora la mayoría de las profundidades marinas de nuestro planeta, y da a conocer alrededor del mundo su obra, a partir de las diferentes series divulgativas "...que son símbolo y prototipo del más apasionado programa audiovisual ecológico" (León, 1999: 83). De entre su extensa producción es necesario destacar: *El mundo del silencio (Le monde du silence*, 1956), *El mundo sin sol (Le monde sans soleil*, 1965), *El mundo de Jacques-Yves Cousteau* (1965), y *Viaje al fin del mundo (Voyage au bout du monde*, 1975).

En cualquier caso, la televisión pública europea introdujo programas documentales en sus parrillas de programación. Tras la II Gran Guerra Mundial, las televisiones europeas emprendieron un camino de restablecimiento de nuevos valores y pautas sociales. Para ello hicieron uso intensivo del emergente medio de comunicación. Las televisiones de los países europeos que apostaron por la democratización encajaron en sus programaciones diversidad de proyectos documentales. Gran Bretaña, Francia, Alemania, Italia o Suecia tienen una larga tradición y experiencia en este tipo de programas. Mientras los países del sur de Europa con regímenes autoritarios continuarían unas décadas alimentándose de un flujo televisivo más cerca del propagandismo político. Tal fue el caso de Portugal, España y Grecia.

El modelo paleotelevisivo europeo estaba condicionado fundamentalmente por la lógica del monopolio de Estado, que excluye las reglas del mercado y los mecanismos de la competencia: la financiación del sistema televisivo está garantizada por el Estado mismo. "La eficacia del sistema televisivo en el modelo de servició público se debe medir en los términos de rentabilidad socio-cultural" (Richeri, 1983: 8). Ésta es, qué duda cabe, una de las fortalezas de este modelo, aunque la falta de diversidad de canales y la pluralidad editorial pueden distorsionar los principios básicos de informar, educar y divertir con la pretensión de reproducir la ideología dominante de una forma sutil. Pero las series que introdujo TVE en su programación de documentales en torno a la naturaleza no tendrían ninguna lectura o posicionamiento ideológico en este periodo, salvo el estricto espíritu conservacionista. Generalmente ésta era la tónica más aceptada en el conjunto de la producción de documentales sobre la naturaleza. Las estructuras narrativas se contemplaban como episodios epistolares aislados, en donde no existía una interrelación en el conjunto del sistema ecológico y la intervención del ser humano. Los diferentes puntos de vista en gran medida estaban sustituidos por el narrador/realizador omnisciente. De esta manera los elementos reflexivos y/o críticos quedaban relegados al máximo.

La producción de documentales sobre la naturaleza en la época paleotelevisiva española cabe centrarla en TVE, que introduce las series más conocidas del documentalista francés Jacques-Yves Cousteau en los años setenta junto con algunos relatos de la BBC. Pero, realmente la producción propia de TVE sobre documentales de naturaleza comienza a tener una presencia internacional a partir de las series de Félix Rodríguez de la Fuente (1968-1980). Las intervenciones tienen un papel clave en su obra, como conductor o narrador de diferentes escenas que dan un estilo contundente y personalizado con un énfasis especial en la narración intradiegética y extradiegética. También introduce elementos dramáticos para conseguir mantener el interés del espectador respecto a algunos comportamientos animales. Su fórmula documental no llega a caer en las redundancias antropomórficas del documentalismo americano de la Disney, pero la fuerza narrativa en primera persona del autor ha sido el *leit motiv* principal de la gran aceptación internacional de sus producciones, sobre todo en el mercado hispano. A pesar de su formación inicial en odontología, pronto se dedicaría al estudio de las rapaces ibéricas. Sus aportaciones televisivas las inicia en TVE en 1966 con su presencia en diferentes programas: *Fin de semana, Imágenes para saber, A toda Plana o Félix, el amigo de los animales*. Ya en 1968 realizó su primera serie para televisión: *Fauna*. La serie más extensa es *Planeta Azul* (1970-73), con 153 capítulos, aunque será a través de *El hombre y la Tierra* (1974-1980) cuando se llegue a conocer su obra internacionalmente. Otras series que estrenó en 1970 son *Animalia* y *Vida Salvaje*.

A pesar de su estilo particular, Rodríguez de la Fuente es considerado como "el principal divulgador audiovisual de la flora y la fauna ibéricas" (Díaz, 1994: 54). También realiza expediciones a África para los programas *A toda Plana* o *Aventura* de TVE, o los conocimientos que muestra sobre la fauna sudamericana en *El Hombre y la Tierra*. La muerte accidental le sorprende en 1980, cuando se estrella su avioneta desde la que grababa imágenes para una nueva serie de la fauna canadiense. Sus diferentes series documentales continúan reponiéndose hasta nuestros días. A pesar de su corta carrera profesional acumuló una densa obra cargada de galardones y premios nacionales e internacionales de los que cabe destacar el "Gran Premio del Certamen Mundial de Emisiones Científicas" en París, en 1978.

5. Tiempos neotelevisivos

La televisión privada y comercial, que en Estados Unidos es el modelo adoptado desde sus orígenes, no llega a Europa hasta la desregulación televisiva que se inicia de forma desigual a partir de la década de los setenta. A este proceso de liberalización del mercado, cabe añadir en la década de los ochenta el inicio del uso masivo del video que será la herramienta perfecta, más allá del receptor de televisión, para conectar los canales de televisión o la producción independiente con los hogares. Siguiendo la modelización trazada por Richeri, el desarrollo de las televisiones relacionadas con el modelo comercial están sujetas fundamentalmente a la lógica de mercado, en donde el canal televisivo tiene como principal fuente de financiación la publicidad, y por consiguiente la consecución de los máximos de audiencia se van a convertir en el objetivo principal del negocio televisivo. Esta nueva situación lleva consigo una nueva regulación del espacio televisivo en la mayoría de los países europeos, en donde se marcan las pautas de convivencia entre sector público y las iniciativas privadas. No será el caso de la televisión pública española, bien a nivel de Estado o bien en el orden de las televisiones que representan las autonomías. El modelo español copiará la financiación de los medios de titularidad pública del modelo comercial, es decir, la publicidad pagará gran parte de la factura del servicio público. Con ello se conseguirá una programación más comercial, en donde el entretenimiento irá ganando la partida a la información y la divulgación del conocimiento.

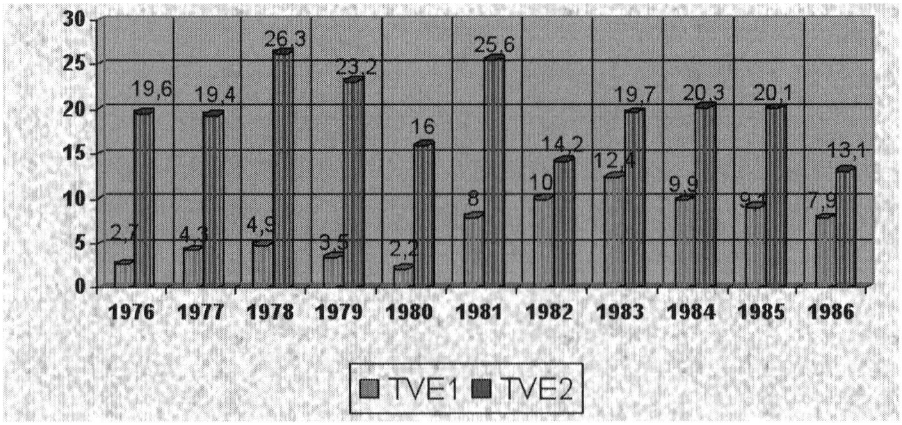

Gràfico 1. Evolución de los espacios divulgativos de TVE (1981-1986)
(Bustamante y Zallo, 1988)

Los primeros estudios sobre el consumo televisivo y las preferencias de géneros frente a la audiencia nos llegan con la transición política. El trabajo sobre *Las industrias culturales en España,* realizado por Enrique Bustamante y Ramón Zallo, nos muestra las cifras (gráfico 1) que marcan la evolución de programas divulgativos entre 1976 y 1986 de TVE (Bustamante y Zallo, 1988, p. 137). Se hace mención por separado de la TVE1 y la TVE2, y se marca la incidencia de los documentales dentro de la programación divulgativa, cultural o educativa. Por una parte se constata la presencia y el porcentaje de los espacios culturales o divulgativos respecto de la programación general, donde también están incluidos los documentales, y de otra se compara el nivel de audiencia específico de los documentales. Se comprueba que la antigua UHF, es decir La 2, tiene una alta proporción de su programación dedicada a los espacios divulgativos o culturales a lo largo de la década analizada. Desde sus inicios, la segunda cadena siempre había estado más reservada para una programación más cultural. Los años 1978, 1979 y 1981 consiguen los índices más elevados de presencia de espacios divulgativos o culturales, con unos porcentajes que están en torno al 25% del conjunto de la programación. La primera cadena, con un perfil más comercial, está ya muy cerca de la televisión comercial de los noventa. En TVE1 este tipo de espacios tiene una incidencia mínima, que oscila entre el 2,2% de 1980 y el 14,2% de 1982 (Francés, 2003: 140). Será a partir de este año cuando la primera comience a bajar su presencia de emisiones de programas *factual* o divulgativos, hasta la llegada masiva de los canales autonómicos y después la plena incorporación de las cadenas privadas.

Mientras, la industria televisiva española de esta época se abastece fundamentalmente de la producción propia de los programas culturales. La compra regular de producciones documentales del mercado exterior, o producción ajena, no llegará hasta la década de los noventa. La BBC, National Geographic y la TF1 francesa son las referencias iniciales para llenar los espacios documentales.

En esta fase neotelevisiva, los documentales divulgativos, bien posicionados en las rejillas de programación de las principales cadenas en el modelo paleotelevisivo, sufren un proceso de migración. "Respecto a la situación del documental en la década de los noventa, en un modelo televisivo de libre concurrencia de las televisiones públicas y privadas, igual que pasó en otros productos culturales, han sido desplazados rápidamente del *prime time* de las rejillas de programación, de las cadenas públicas y no han tenido casi presencia en la programación de las televisiones privadas. Solo los segundos canales de las opciones públicas han dejado la posibilidad a la emisión de estos programas" (Pérez Ornia, 2000). El flujo continuo de programación de las cadenas comerciales públicas o privadas traslada la programación a horarios de *day time* a lo largo del día o incluso de madrugada, con tal de mantener la emisión abierta.

El documental televisivo pasa de ser un espacio de proyección cultural a convertirse en una pieza de mercado de la televisión comercial, que solo tiene valor para rellenar la programación en las horas bajas que predice la audiometría. La aparición de nuevos medios de teledifusión, la agilización en la producción de programas y la introducción de nuevos canales, acaban rompiendo el concepto tradicional de hacer televisión. Ahora aparecen nuevos formatos que fagocitan los anteriores, y también se introducen nuevos métodos de producción propia, mediante la implicación de la producción independiente. El mercado televisivo se mueve según el ritmo que marca la audiencia y el valor añadido de la creatividad pierde interés.

A la audiencia no se le marcan las pautas de consumo; ella pide y se le da lo que mayor respuesta tiene en el mercado. "La televisión comercial instala un sistema donde la rejilla de programación tiene un flujo sinérgico en busca de la fidelización de la audiencia, que genera una rigidez. Por tanto, la riqueza de géneros televisivos de la paleotelevisión desaparece. Ahora serán menos y muy cambiantes, cosa que facilitará una lucha que propiciará la marginación o casi la desaparición de alguno de ellos, como es el caso del documental" (Cortés, 2001). Si muchas fueron las pérdidas fílmicas del documental en el nacimiento de la televisión, ahora nos encontramos frente a una situación de migración del género documental a las segundas cadenas de ámbito nacional o a las televisiones autonómicas y nuevos canales temáticos en los inicios de la televisión satelital.

Una nueva disciplina del mundo de la economía se instalaba en las televisiones: el marketing. Y también otra forma de hacer la televisión más serializada, a partir de una programación repetitiva y horizontal. El modelo *fordista* de distribución y organización empresarial llega a las nuevas televisiones privadas y también penetra en las públicas. Las ventanas televisivas pasan a emitir ininterrumpidamente, con el objetivo de fidelizar a la audiencia. Ahora los espectadores serán el *target* de la proyección del mercado televisivo. Enrique Bustamante afirma que la rejilla de la televisión comercial implica: "una serialización cada vez más sintética, un incremento en la frecuencia de las emisiones, una lógica horizontal que gana terreno a la antigua vertical, y una tendencia a alargar los bloques." (Bustamante, 1999: 99-100).

La situación podía haber sido desastrosa, pero se genera otro circuito y una comercialización de documentales, a partir de algunas ofertas públicas que se mantienen fieles, también desde el nacimiento de los segundos canales y la aparición de la televisión de proximidad, que propiciarán otro mercado donde fluctúan los productos culturales. Las corporaciones televisivas más importantes de Europa –BBC, ORTF, RAI, RTVE, ARD, etc.–, tienen alternativas porque disponen de canales de difusión culturales alternativos, como BBC2, Channel4, RAI3, Rete4, FR3, Cinquème, ZDF, TVE2, RTP2, etc. Por otra parte, la aparición de la televisión de pago analógica terrestre y las primeras ofertas de paquetes vía satélite (C +, Canal Satélite Analógico, BskyB...) estrenan también una serie de programas culturales, así como los primeros canales temáticos de documentales: Arte, Documania o ZDF Dox.

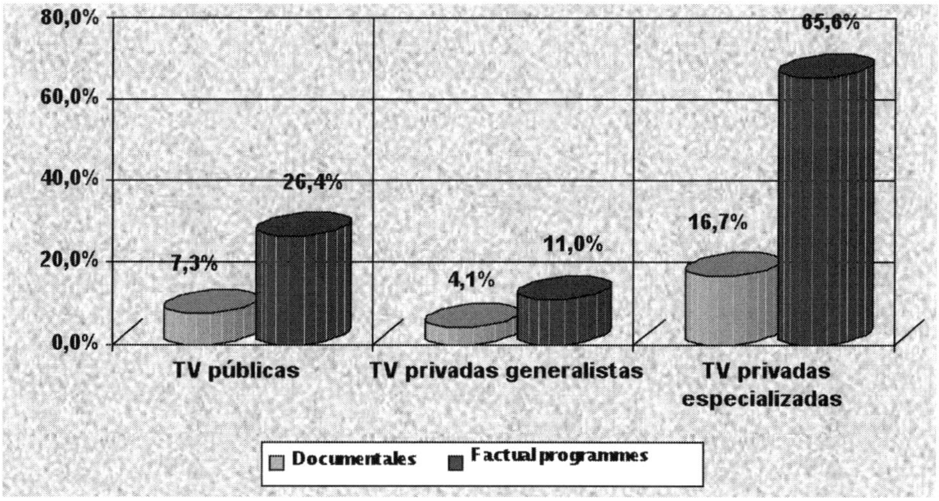

Gràfico 2. Porcentaje de emisión de documentales y *factuals* en las televisiones europeas
(Jacobsen y Hansen, 1995)

Las televisiones públicas europeas han reducido la presencia documental (gráfico 2) a unos porcentajes del 7,3% de media, teniendo en cuenta que se hace alusión a los primeros y segundos canales. Las privadas solo consiguen una cuota del 4% para los documentales y un 11% en los *factual programmes*. Mientras que las televisiones privadas de pago o las primeras temáticas, aunque de carácter muy generalista, comienzan a tener una resonancia incipiente. Es la época de las grandes series televisivas, donde solo las cadenas clásicas continuarán con la producción de documentales que después de estrenar en primicia se difundirán en múltiples soportes y en todo el mundo: BBC, ABC australiana, TVNZ neocelandesa, ZDF, PBS, NHK, etc.

Por otra parte, el proceso de externalización de la producción propia comienza a tener incidencia en muchas televisiones públicas, que han de bajar costes para poder competir con los nuevos canales y hacer frente a las deudas que comienzan a acumular. En los inicios de los 90, National Geographic o la BBC continúan teniendo el mercado televisivo del documental, pero comienzan a emerger unas productoras regionales que darán cabida a otro tipo de documentales de menor coste.

El régimen de monopolio de la televisión pública española (TVE1 y TVE2) perdura hasta la aparición de los canales autonómicos: ETB1 (1983), TV3 (1984), ETB2 (1986), Canal 9, Tele Madrid, TVG, Canal Sur (1989), Canarias TV (1999), Castilla la Mancha TV, Rioja Televisión (2001), y el resto de televisiones regionales o locales que han ido apareciendo hasta nuestros días.

La liberalización definitiva de la televisión en España llega con la Ley de la Televisión Privada de 1988, que da paso, unos años después, a la aparición de las cadenas privadas comerciales en abierto: Telecinco y Antena 3 o a la televisión de pago Canal +, que copia el modelo francés ya propagado a otros países europeos. Este nuevo panorama televisivo "pone en peligro la oferta pública, se desequilibra el balance de gastos/beneficios, y se activan unas perniciosas políticas de obtención de ingresos publicitarios." (Contreras y Palacio, 2001: 117). TVE será la más perjudicada por no incorporar a tiempo un plan estratégico de reestructuración y reorientación del servicio público. Pero afortunadamente su reestructuración en los últimos años la han situado en un marco de referencia de lo público, incluso desde la estrategia de no inclusión de espacios publicitarios en su programación. Mientras tanto, a la variada oferta de televisión generalista en abierto se han sumado nuevas competencias. En los últimos años mucho ha cambiado el panorama de la televisión en España. Al nacimiento de Cuatro se unió el de otro canal analógico: la Sexta, de la mano de Imagina, empresa que unió a las dos productoras más importantes del país y Televisa. Al final, J. Miguel Contreras, gran defensor de los postulados públicos, cambió de ruta y apostó también por la fórmula privada de hacer televisión a través de la Sexta.

Mientras, y a pesar de la nueva ordenación del espacio televisivo, La 2 de TVE mantendrá un soporte a la producción de documentales a través de muchas series documentales que han tenido una proyección internacional posterior. Félix

Rodríguez de la Fuente pasa el testigo a realizadores como Borja Cardelús, Joaquín Araujo, Joaquín Gutiérrez Acha o Luis Miguel Domínguez, entre otros. Se trata de documentales y series importantes como: *España en la Antártida* (1984) de Carlos Serrano, *Índico* (1992-99) de Luis Goytisolo, *Naturaleza Ibérica* (1987), *De polo a polo* (1989-93) y *la España Salvaje* (1996) de Borja Cardelús, *Fauna Callejera* (1994-98) o *Vietnam: vida tras la Muerte* (1998) de Luis Miguel Domínguez. También en este periodo continúan las reposiciones de *El hombre y la tierra* (1975).

También se introducen espacios de divulgación sobre ecología y medio ambiente en La 2 de TVE, como *El Escarabajo Verde*, que nace en mayo de 1997 con una clara voluntad de servicio público, apostando por la mejora del entorno y la mejora de la calidad de vida. "Aunque no podemos presumir de una tradición de cine documental equiparable a la del mundo anglosajón, se ha generado en torno a TVE española un movimiento documentalista que ha conseguido cuotas interesantes en géneros como el documental de naturaleza, aunque 25 años después, el *Hombre y la tierra* de Rodríguez de la Fuente no haya sido superado" (Serrano, 2001: 38).

Muchos opinan, aún hoy, que el documental televisivo español no ha alzado el vuelo. "No es cierto, pienso que los noventa han sido claves para emprender un camino sin retorno donde van a hacer falta más modalidades y perfiles documentales, según la ventana donde se quiera exhibir. No solo en torno a TVE, sino también en otros lugares de la nuestra geografía, como hemos visto, se producen de forma habitual diferentes formatos documentales con profesionalidad y solvencia suficientes" (Francés, 2003: 152). En este sentido, el documental de naturaleza español, aunque algunos años después que el resto del mundo, empieza a adoptar fórmulas narrativas más abiertas y con la presencia de diferentes puntos de vista, a fin de construir relatos más reflexivos que contrastan la información de manera transversal en el proceso narrativo. De esta forma, las narraciones epistolares cerradas dan paso a una nueva forma de presentar los relatos a los espectadores con un valor humano añadido. El naturalista catalán Ramón Folch lo resume muy bien: "... el hacer recopilaciones zoológicas o botánicas que es lo que solían hacer los documentales de naturaleza hasta los años 80 comportó posteriormente la incorporación de la realidad humana en estas percepciones..." (Folch, 2000). De alguna manera, la producción española de esta época no solo ha normalizado su discursividad narrativa, sino que también empieza a regularizar una incipiente producción de documentales sobre la naturaleza y a crear las bases de una industria emergente.

Otro valor será el de la televisión de proximidad de la que hablábamos. Las televisiones regionales o autonómicas nos traen unos formatos documentales que se identifican más con sus espacios culturales y naturales. El caso más remarcable es el de la televisión catalana, que tiene un departamento propio para la producción de documentales. La docuserie *Veterinaris* que describe la relación de las personas con los animales domésticos consigue en *prime time* unos *shares* que llegan al 37%, sólo homologables a las series de Rodríguez de la Fuente en TVE durante la época paleotelevisiva. Otro fenómeno de la TVC es la serie *Caçadors de bolets*, que la primera edición, en el año 2004, consiguió una media de 32,2% de share, en 2005 un 30,2% y en 2006 un 26,1%, y que continua hasta nuestros días con cinco temporadas de presencia en las pantallas catalanas. Por otra parte, TV3 también ha tenido en su programación diversas series que han dado una visión integrada del territorio y sus habitantes: *Mediterrània, Cataluña des de l'aire, Nostra nau: mirada als astres, Terra...*

También la televisión vasca ETB ha dedicado una amplia programación a los documentales, a través de sus dos cadenas, bien a partir de series divulgativas o de documentales de larga duración. *Del país de los vascos* y *Rincones de Euskal Herria* son programas documentales que dedican monográficos a pueblos, paisajes, personajes históricos y tradiciones vascas.

La TVG, a pesar de no tener una cuota de presencia en pantalla tan persistente como la ETB, ha conseguido en los últimos años sacar adelante un conjunto de series plenamente ligadas a la realidad gallega y su proyección en todas las partes del mundo. Cabe destacar: *Océanos* (1997) de Enrique Lechuga, *Mar del Hombre* (1993) de Ferran Llagostera, *Camino do vento* (1998) de Jesús Suerio, *Geografía gallega* (1999) de Francisco Río, o *Galicia Salvaxe* (2009), que aborda un recorrido por los ecosistemas gallegos, prestando atención a la diversidad faunística y botánica con un tono didáctico y entretenido.

Por otra parte, la televisión andaluza también tiene una relación significativa en la producción documental y trabaja más los temas tópicos de la cultura hispana, también con una proyección de cara al exterior. Ejemplos significativos de estas series documentales son *Sangre verde, El toro bravo, Parques Naturales, Caballos* o *Al aire libre.*

Mientras, las producciones documentales de RTVV son producto de la producción propia externalizada o de los convenios y ayudas que se han ido firmando con el sector audiovisual valenciano. De entre las obras más importantes de este periodo cabe destacar: *Les artèries de la terra* (1999) de Sebastián Hernandis y José

Manuel Herrero, *Els dominis de la mar* (1997) de Manolo García Carrascosa, *Exploradors del segle XXI* (1999) de Batiste Miguel, *Espais Naturals* (1992) de Pablo Gadea, o *De la muntanya al pla* (1995) de José Luis Porea. También cabe destacar el espacio informativo denominado *Medi Ambient,* que nos da una visión periodística a partir de reportajes entorno a la actualidad medioambiental valenciana. En este periodo reciente, la realización valenciana de documentales de naturaleza se especializa en algunas de productoras como: *Bubo Films, JP Producciones* o *Blue Screen.* La Universidad de Alicante también tuvo un cierto protagonismo a partir del desarrollo de proyectos científicos universitarios realizados desde su antiguo *Taller d'Imatge.*

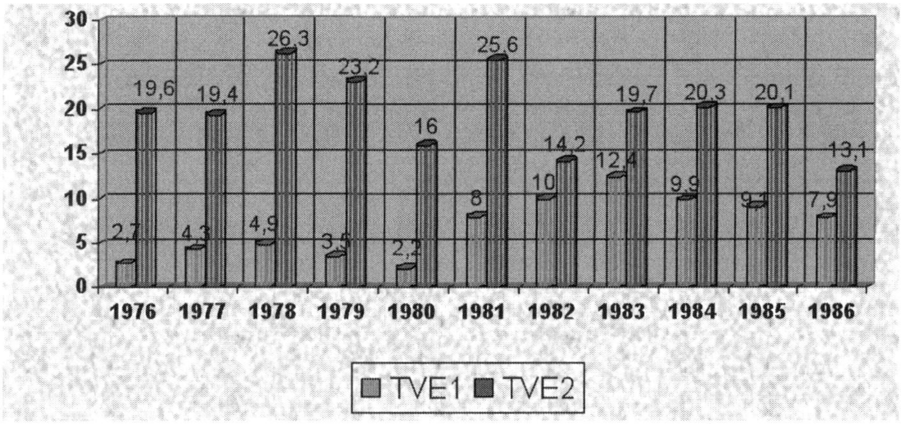

Gràfico 3. Porcentaje de emisión según temas. Canal + (1995-2000)
(Francés, M., 2001)

Por otra parte, *Canal* + es la única cadena privada que dedicó desde los inicios unas franjas significativas a documentales de calidad, sobre todo de temas sociales y de naturaleza (gráfico 3). Estos espacios han sido proyectados más sobre el *prime time* y después multidifundidos a través de la plataforma de *Canal Satélite Digital.* En la actualidad la cadena generalista Cuatro, del mismo grupo, es la encargada de emitir los estrenos documentales de producción propia.

Las obras de nacionalidad española emitidas son minoría si vemos los datos (esquema 1) de SOFRES y EGEDA de los años 1997 y 1998. Sin embargo, el número de emisiones de programas en contenidos documentales ha pasado de 5521 en 1997 a 7450 en 1998. La 2 y Euskal Telebista son las dos televisiones que consiguen más emisiones de producción propia en estos años, seguidas de

TV3/Canal 33. El nivel de producción propia de TVE2 es importante, porque la producción española reseñada de 876 producciones en 1997 y las 974 en 1998 provienen mayoritariamente de la producción *in house* o de diferentes fórmulas de externalización convenidas en la producción independiente española. Otro caso es el de la televisión vasca y la televisión catalana que, a pesar de tener una cantera de producción propia, dependen aún de la compra de muchos productos al exterior. La producción propia externalizada como fórmula bastante extendida por TVE, las autonómicas y Sogecable van a sentar las bases para el florecimiento de una incipiente industria independiente en la producción de documentales sobre la naturaleza en España.

Esquema 1.

Emisión de documentales por las TV españolas (1997 y 1998)

1997	Emisiones	%	España	%	UE	%	USA	%	Otras	%
TVE1	42	0,8	20	0,8	22	1,3	0	0,0	0	0,0
TVE2	1.447	26,2	876	33,4	430	24,8	85	11,3	56	13,4
ANTENA 3	6	0,1	6	0,2	0	0,0	0	0,0	0	0,0
TELE 5	35	0,6	11	0,4	1	0,1	23	3,1	0	0,0
CANAL +	519	9,4	57	2,2	210	12,1	214	28,6	38	9,1
CANAL SUR	175	3,2	97	3,7	47	2,7	30	4,0	1	0,2
C2A										
ETB1	1.058	19,2	657	25,1	223	12,9	133	17,8	45	10,8
ETB2	545	9,9	323	12,3	157	9,1	52	6,9	13	3,1
TV3	73	1,3	43	1,6	16	0,9	2	0,3	12	2,9
C33	866	15,7	59	2,3	461	26,6	163	21,8	183	43,8
TV GALICIA	187	3,4	148	5,6	5	0,3	6	0,8	28	6,7
TELE MADRID	126	2,3	41	1,6	48	2,8	13	1,7	24	5,7
CANAL 9	107	1,9	29	1,1	48	2,8	28	3,7	2	0,5
N 9	335	6,1	254	9,7	65	3,8	0	0,0	16	3,8
TOTAL	**5.521**	**100**	**2.621**	**100**	**1.733**	**100**	**749**	**100**	**418**	**100**

1998	Emisiones	%	España	%	UE	%	USA	%	Otras	%
TVE1	13	0,2	10	0,2	0	0,0	3	0,3	0	0,0
TVE2	1.456	19,5	974	23,8	332	17,3	50	5,5	100	18,9
Antena 3	1	0,0	1	0,0	0	0,0	0	0,0	0	0,0
Tele 5	26	0,3	26	0,6	0	0,0	0	0,0	0	0,0
Canal +	536	7,2	136	3,3	223	11,7	160	17,5	17	3,2
Canal Sur	117	1,6	114	2,8	2	0,1	0	0,0	1	0,2
C2A	401	5,4	222	5,4	41	2,1	16	1,8	122	23,1
ETB1	1.789	24,0	1195	29,2	221	11,5	332	36,3	41	7,8
ETB2	403	5,4	239	5,8	112	5,9	30	3,3	22	4,2
TV3	12	0,2	12	0,3	0	0,0	0	0,0	0	0,0
C33	1.068	14,3	97	2,4	456	23,8	308	33,7	207	39,1
TVGalícia	264	3,5	242	5,9	18	0,9	3	0,3	1	0,2
Tele Madrid	159	2,1	88	2,2	67	3,5	1	0,1	3	0,6
Canal 9	18	0,2	3	0,1	14	0,7	0	0,0	1	0,2
N 9	1.187	15,9	734	17,9	428	22,4	11	1,2	14	2,6
TOTAL	7.450	100	4.093	100	1.914	100	914	100	529	100

SOFRES, EGEDA (1998 Y 1999)

En este sentido, y desde la producción independiente de documentales, es necesario destacar en la década de los noventa a la productora *Transglobe Films* y su distribuidora *Gondwana Films,* que marcan la consolidación de este formato junto con el documental étnico y antropológico en la industria audiovisual española. La proyección de sus trabajos llega en la actualidad a las teledifusoras de todo el mundo, y a canales temáticos de renombre, como *National Geographic* o el *Discovery Channel.* También cabe hacer una mención especial en este periodo a la productora *Bitis* de Joaquín Gutiérrez Acha que consigue penetrar en el mercado americano con su producción el *Latido del Bosque.*

6. Canales temáticos y nuevas tendencias

En los primeros años del tercer milenio, mientras la sociedad de la información empieza a establecer una comunicación más integrada de medios con los mínimos canales de transmisión, nos encontramos con la cohabitación de sistemas de difusión en *broadcast* y en *multicast.* Por lo tanto, los inicios de la era digital se caracterizan por la polivalencia de tecnologías compartidas durante el periodo de transición, que nos llevará a la integración digital de medios de comunicación, formatos y sistemas de difusión.

Mientras, la oferta tradicional en *broadcast,* que pronto migrará a la difusión de la Televisión Digital Terrestre (TDT), nos ofrece una amplia gama de productos documentales. En este sentido, las cadenas autonómicas que cuentan con dos canales propios siguen un esquema idéntico a RTVE, y ubican la programación cultural y educativa en su segundo canal. La tendencia migratoria de este tipo de programación, que se inició con la penetración de la televisión comercial y temática, ha quedado plenamente consolidada en los inicios de una nueva etapa multidifusiva de medios, a partir de una televisión fragmentada o *narrowcasting*: producción y circulación de programas destinados a públicos especializados (Richeri, 1983: 335). Canales como *Docus TVE* o *Culturales*, del grupo RTVE, empiezan a introducir un nuevo tempo en la difusión y programación de documentales.

Las técnicas de producción más modernas y los equipamientos de filmación más ágiles y ultraligeros son empleados en las recientes producciones documentales de naturaleza norteamericanas, inglesas, francesas, australianas o españolas. Sobre todo, las innovaciones tecnológicas digitales son implementadas en producción y postproducción de series como *Caminando entre dinosaurios* (2000) de la BBC o *Caminando entre las bestias* (2001). En este caso, la reconstrucción de la vida de unas especies animales ya desaparecidas se ha realizado a partir de la combinación de escenarios virtuales y reales. La animática, la generación de imágenes de síntesis y la capacidad de almacenaje de imágenes digitales sobre discos potentes han permitido reconstruir un pasado -inaccesible de registrar- verosímil y de calidad cinematográfica.

En los últimos años se ha producido de forma generalizada un incremento considerable en la producción televisiva de documentales de naturaleza. Esta "expansión ha estado favorecida por los movimientos ecologistas y de conservación de la naturaleza de las últimas décadas, cosa que ha propiciado su aparición en las rejillas de programación de las televisiones generalistas –tanto públicas como privadas– y en las especializadas (...) Las televisiones públicas de la mayoría de países son las que han apostado por la programación y producción de este tipo de documentales." (León, 1999: 84). También algunas cadenas comerciales han incorporado a sus programaciones documentales sobre la naturaleza, pues mantienen una franja constante de audiencia y el costo de producción puede ser inferior a la ficción en la mayoría de los casos. La BBC continua a la cabeza, pero otras cadenas públicas mantienen una producción estable y de calidad, como la ZDF (Alemania), ABC (Australia), TVNZ (Nueva Zelanda) y NHK (Japón).

Los modos narrativos y divulgativos empleados en estos programas son muy diversos. Normalmente se describe una familia, un hábitat o una especie, a través de la explicación de un proceso natural que nos narra omniscientemente un comportamiento. También nos encontramos series donde interviene la acción humana, cosa que se escenifica de diferentes formas, aunque habitualmente la fórmula de la expedición es la más habitual, como es el caso de *Amazonia, última llamada* (2002) de Luis Miguel Domínguez. Y por otra parte, cada vez se pierde más la tendencia a la serialización regulada dando paso a formatos singulares, microdocus o microseries.

Pero el futuro del documental sobre la naturaleza pasa ineludiblemente por el potencial interactivo de la televisión digital y el multimedia. "Será necesario implementar nuevos relatos más fraccionados que encajen en el macrorrelato multimedia. Es el caso de los juegos educativos o las enciclopedias multimedia, que ilustran conceptos mediante pequeñas *movies* explicativas que resultan ser mini-documentales ordenados en torno a un macrorrelato ligado, por un mapa conceptual con posibilidad de lectura no lineal y diversas aplicaciones interactivas." (Francés, 2003: 113). La multidifusión de estos productos y la distribución desde la televisión, en DVD, *on line* o internet a través de tecnologías IP es ya una realidad. Ahora, mediante la televisión digital, los servicios interactivos son posibles, y los productos multimedia o hipermedia nos pueden ofrecer la enciclopedia del saber de otra manera. Solamente estamos en los inicios de un modelo más participativo de aprendizaje. Hoy en día no sólo se puede interactuar con el ordenador, sino también con los con los especialistas desde una plataforma informatizada que disponga de las aplicaciones adecuadas. Los actuales medios tecnológicos y comunicacionales, como la televisión, radio, internet y el multimedia, entre otros, son los canales que deben facilitar la incorporación de espacios divulgativos, educativos y culturales. En es sentido, tienen una relevancia especial los documentales de divulgación científica producidos por la Universidad de Valencia: *Cetáceos del Mediterráneo* (2002), *la Història del Paisatge: Cavanilles* (2005) y la trilogía de *Mediterránea Viva* (2008)[1].

Los contenidos de estas piezas documentales tienen que estar bien diseñados y realizados a fin de no perder los objetivos fundacionales del espacio catódico digital: informar, entretener y educar. Además, los documentales sobre la naturaleza tienen que ser relatos amenos y han de tener una construcción narrativa fácil y atractiva, que enganche fácilmente a sus destinatarios a fin de conseguir valores humanos y habilidades para generar conocimiento. El marco de estos valores debería contemplar el progreso científico, la defensa de la realidad intercultural, el equilibrio ecológico y la presencia de los diferentes puntos de vista sociales, entre otros.

El sector español necesita entrar en las rutinas de la producción audiovisual desde una perspectiva del nuevo marco económico. El productor no puede obviar el desarrollo de proyectos, que es la primera fase de cualquier proyecto documental. Sin planificar el destino final del producto, no se podrá tener una fácil distribución final, cosa que acabará teniendo un producto acabado y sin posibilidad de exhibición o difusión. Muchas de las empresas pequeñas de la producción de documentales han de tener en cuenta este tipo de estrategias de mercado. Si sus infraestructuras son insuficientes, deberán asociarse o sindicarse para planificar mejor cualquier producción y tener acceso a las ayudas nacionales o internacionales.

Salvo alguna excepción de empresas, como *New Atlantis, Transglobe Films y Gondwana Films,* que tienen una proyección internacional y una continuidad en la producción de documentales para televisión, la gran mayoría de productoras específicas de documentales tienen una dimensión más reducida y una vocación más de proximidad con producciones sencillas y esporádicas. Las televisiones autonómicas o la TVE2 han alimentado muchas de estas pequeñas empresas.

New Atlantis es una productora independiente de televisión, especializada en documentales de alta gama. Establecida en 1998, colabora con las compañías más prestigiosas del sector, como TVE, Canal Plus, Digital Plus, ARTE, France 5, Discovery, RAI, RTP o Planete. Con una producción anual de alrededor de 50 horas, que abarca varias modalidades, conforma un catálogo que satisface las

1. Todos ellos pueden verse desde la plataforma multicanal de la Universitat de València: *MediaUni* (http://www.uv/mediauni/).

exigencias de la demanda de canales de todo el mundo, lo que se traduce en ventas a países como EEUU, Canadá, Alemania, Italia, Francia, Portugal, Austria, Próximo Oriente, Japón, Países del Este y China. Además, *New Atlantis* está presente en los principales mercados internacionales tales como MIP TV y MIPCOM, llevando a cabo su propia distribución. Sus principales producciones en el ámbito del documental sobre naturaleza han sido: Mundo salvaje (*Naturaleza. Ecosistemas, Mundos Perdidos, El mundo secreto de las plantas, El país de los fiordos, Mimetic, Los guardianes del planeta Tierra*), Vida en acción (*Etología, Ingenio natural, Mantis, El toro amigo, Cazadores y cazados, Supervivientes del planeta Tierra, Microdocus*) o el estado del planeta (*Ecología. Medio ambiente, Amazônia, última llamada, Tierra herida, Madre Tierra*).

Por otra parte, *Transglobe* nació en 1991, actuó como dinamizadora del sector en la década de los noventa y continúa aportando significativas producciones al mercado global de documentales sobre la naturaleza, tales como *Los Últimos Paraisos I & II* (2000), *Los Caballeros de la Gran Sabana* (1999), *Hijos de la Nube* (2001), *Mi amigo el delfín* (2003), *Secretos escondidos del océano* (2003), *La guerra del Tigre* (2003), *La costa herida* (2003), *Proyecto Kraken, en busca del calamar gigante* (2003) y *Candidatos a la extinción* (2003), entre otras.

Pero la mayor parte de la producción de documentales españoles está dispersa en pequeñas y medianas productoras. La especialización y el dimensionamiento a escala de las productoras son clave para la subsistencia de este sector. Así, productoras como *Bitis, Explora, Avatar, Argonauta Producciones, Alogar Producciones, Alvaro Mendoza Productions, Blue Screen, Impala* o *Compañía de Inventarios Naturales,* entre muchas otras, ocupan un amplio segmento, junto a otras productoras regionales incentivadas por la producción audiovisual de documentales para las televisiones autonómicas.

De esta manera, se abastece el mercado interior de los canales generalistas, segundos canales, televisiones autonómicas y canales temáticos. Pero el "tematismo multidifusivo" ofrecido por la plataforma satelital *Digital +,* las diferentes ofertas del cable o las propuestas de la nueva configuración de la TDT en los próximos años, conformarán un amplio espectro de ventanas digitales dedicadas a la exhibición de documentales de naturaleza en los próximos años. En la actualidad, la oferta de canales temáticos ya es significativa. Canales como *National Geographic, Canal Natura, Discovery Channel,* el desaparecido *Documania u Odisea,* incluyen una extensa oferta de documentales donde se alternan diferentes temáticas.

Por lo tanto, el productor independiente deberá saber cuál es el mercado de sus productos y cuáles son sus preferencias temáticas, a fin buscar fórmulas para hacerlas compatibles con las de la demanda multidifusiva. Poder producir cualquier tipo de formato documental no está al alcance de una única productora pequeña o mediana. La ejecución de grandes proyectos solo la pueden realizar las grandes productoras, las teledifusoras o diferentes iniciativas de coproducción o producción asociada que pueden contar con los recursos, las técnicas y los equipos humanos necesarios.

La producción independiente española de documentales –dispersa y atomizada– necesita concentrar sinergias y rutinas de producción en organismos propiciados por el sector, que orienten la gestión y la planificación de los proyectos. "Sin crear conductas internas de comunicación y de servicios complementarios del sector será imposible vertebrar esta industria cultural. La producción independiente necesita entrar en la mecánica de mitigar las asociaciones profesionales, generar empresas de servicios complementarios, abrir oficinas o ventanas únicas de información a las subvenciones nacionales o internacionales, crear unas relaciones laborales por tareas o unidades de producción acabadas, exteriorizar algunos de los servicios habituales de producción, dimensionar el volumen y la especialización de cada empresa, asumir dinámicas de coproducción, hacer más flexible y menos costosa su estructura, entrar en las mecánicas de la externalización de la producción propia de las teledifusoras, etc..." (Francés, 2003: 182-183). Estas y otras medidas que se ajustan al nuevo flujo económico son indispensables junto al soporte decidido de la Administración, a fin de vertebrar y estabilizar un sector emergente con grandes perspectivas de mercado, y dar paso a un género audiovisual con un valor cultural añadido con vocación clara de servicio público.

A pesar de que la franja de documentales en la programación televisiva por géneros nos marca unos *shares* medios muy bajos, si los comparamos con la ficción o el entretenimiento, no cabe duda que las tendencias del consumo televisivo de documentales, que indicaban las cifras de Egeda y Sofres para los años 1997 y 1998, continúan la lenta tendencia alcista del género. Según el último análisis realizado en torno al panorama audiovisual español y que se basa en los datos recopilados por Egeda hasta el 2003, el género documental continúa encajándose sobre nuevos nichos televisivos que le están proporcionando el mercado mediático emergente.

Por lo que respecta a los documentales sobre la naturaleza, cabe destacar (esquema de la página siguiente) que el número de emisiones de documentales

Emisión de documentales por temáticas y años, de 2004 a 2009. Elaboración de GECA a partir de datos de TNS Audiencia de medios

	2004				2005				2006				2007				2008				2009			
	Emis.	(%) Emis.	Min.	(%) Min.	Emis.	(%) Emis.	Min.	(%) Min.	Emis.	(%) Emis.	Min.	(%) Min.	Emis.	(%) Emis.	Min.	(%) Min.	Emis.	(%) Emis.	Min.	(%) Min.	Emis.	(%) Emis.	Min.	**(%) Min.**
ARTE/LITERATURA	331	2,5	9.381	2,0	402	2,8	11.391	2,2	342	2,1	10.383	1,9	531	2,7	17.705	2,4	696	3,8	22.688	3,3	653	3,6	20.214	2,9
CATÓLICOS	0	0,0	0	0,0	0	0,0	0	0,0	0	0,0	0	0,0	1	0,0	37	0,0	1	0,0	37	0,0	0	0,0	0	0,0
CIENCIAS	253	1,9	9.122	2,0	567	3,9	18.929	3,6	483	3,0	16.982	3,1	556	2,8	23.014	3,2	362	2,0	13.941	2,0	614	3,4	20.025	2,9
COCINA	0	0,0	0	0,0	0	0,0	0	0,0	6	0,0	175	0,0	58	0,3	1.329	0,2	54	0,3	1.469	0,2	90	0,5	2.382	0,3
CULTURALES	0	0,0	0		0	0,0	0		0	0,0	0	0,0	0	0,0	0	0,0	27	0,1	30	0,0	16	0,1	15	0,0
DEPORTES	158	1,2	3.209	0,7	107	0,7	3.449	0,7	114	0,7	3.730	0,7	220	1,1	6.584	0,9	126	0,7	3.971	0,6	161	0,9	5.044	0,7
ECONOMÍA	0	0,0	0	0,0	57	0,4	1.178	0,2	0	0,0	0	0,0	2	0,0	86	0,0	0	0,0	0	0,0	4	0,0	145	0,0
ESPECTÁCULOS	276	2,1	11.567	2,5	430	3,0	18.081	3,5	171	1,1	7.786	1,4	283	1,4	12.452	1,7	171	0,9	8.120	1,2	330	1,8	13.213	1,9
FÚTBOL	0	0,0	0	0,0	0	0,0	0	0,0	0	0,0	0	0,0	0	0,0	0	0,0	2	0,0	90	0,0	0	0,0	0	0,0
GEOGRAFÍA	5.265	39,3	142.278	30,9	4.530	31,5	139.806	26,9	5.719	35,5	136.505	25,0	4.959	25,0	160.223	22,1	3.825	20,7	117.384	17,2	3.549	19,5	109.127	**15,5**
HISTORIA	1.187	8,9	44.171	9,6	1.341	9,3	49.195	9,5	1.891	11,7	70.933	13,0	2.105	10,6	76.208	10,5	2.038	11,0	76.387	11,2	1.644	9,0	66.011	**9,4**
HOBBIES/OCIO	30	0,2	1.157	0,3	85	0,6	3.247	0,6	194	1,2	6.331	1,2	655	3,3	23.709	3,3	639	3,5	25.226	3,7	898	4,9	41.805	6,0
IDIOMAS	0	0,0	0	0,0	0	0,0	0	0,0	0	0,0	0	0,0	1	0,0	35	0,0	5	0,0	281	0,0	0	0,0	0	0,0
NATURALEZA	4.392	32,8	162.242	35,3	5.099	35,4	191.642	36,9	5.235	32,5	200.888	36,8	6.863	34,6	255.947	35,3	6.259	33,8	243.992	35,7	6.039	33,2	250.469	**35,7**
POLÍTICA	18	0,1	1.172	0,3	15	0,1	819	0,2	18	0,1	934	0,2	10	0,1	628	0,1	17	0,1	1.023	0,1	33	0,2	1.791	0,3
REPORTAJES	0	0,0	0	0,0	0	0,0	0	0,0	0	0,0	0	0,0	0	0,0	0	0,0	3	0,0	45	0,0	0	0,0	0	0,0
SALUD	24	0,2	1.104	0,2	11	0,1	607	0,1	9	0,1	561	0,1	11	0,1	504	0,1	32	0,2	1.474	0,2	35	0,2	1.363	0,2
SOCIOLOGÍA	1.185	8,8	36.441	7,9	1.435	10,0	42.897	8,3	1.473	9,1	49.380	9,0	2.488	12,5	76.228	10,5	2.914	15,8	95.846	14,0	2.790	15,3	102.685	14,6
TENIS	0	0,0	0	0,0	0	0,0	0	0,0	0	0,0	0	0,0	0	0,0	0	0,0	0	0,0	0	0,0	0	0,0	0	0,0
VARIAS MATERIAS	0	0,0	0	0,0	0	0,0	0	0,0	103	0,6	5.677	1,0	335	1,7	24.575	3,4	632	3,4	44.149	6,5	871	4,8	49.145	7,0
OTROS	291	2,2	38.473	8,4	316	2,2	38.584	7,4	363	2,3	35.630	6,5	766	3,9	44.860	6,2	689	3,7	27.120	4,0	480	2,6	18.868	2,7
Total documentales	13.410	100,0	460.318	100,0	14.395	100,0	519.826	100,0	16.121	100,0	545.894	100,0	19.844	100,0	724.123	100,0	18.492	100,0	683.273	100,0	18.207	100,0	702.302	**100,0**

entre 2004 y el 2009 en las televisiones españolas, según temáticas, los documentales sobre la naturaleza ocupen un lugar estable y preferente. En este periodo los documentales de naturaleza ocupan un porcentaje en torno al 35 % del total, que sumados a los de geografía e historia llegan a alcanzar un 75% de los documentales emitidos. Cosa que confirma la tendencia la fortaleza de estos géneros de documentales ante las preferencias del público en general.

De otra parte, el consumo de documentales y su distribución por cadenas también continúa marcando las tendencias que se empezaron a apreciar en la segunda mitad de los noventa. En el periodo de 2004 a 2009 (esquema 3) en donde apreciamos el número de emisiones de documentales cada año, la 2 de TVE es, una vez más, la cadena nacional que más apuesta por este género, con una clara tendencia ascendente, puesto que cierra el 2009 con un 10% de sus emisiones dedicadas al documental, como consecuencia de una leve bajada en la presencia de documentales en TVE1. Mientras, la Sexta, que empezó sus emisiones en el 2006, consigue unos índices aceptables de presencia de documentales en torno al 7,5% de sus emisiones. Por otra parte, y continuando en las televisiones de ámbito estatal, la presencia de documentales que albergaba Canal + ha ido migrando poco a poco hacia Cuatro. Como podemos apreciar las televisiones estatales (TVE, Telecinco o Antena 3) que aspiran aún a cuotas de pantalla en torno al 15%, no apuestan por el género documental. Cosa que demuestra claramente la tendencia del género a refugiarse en la televisión de proximidad y las plataformas digitales satelitales, de cable o a través de la red.

Una vez más, los segundos canales de las televisiones autonómicas registrarán cuotas significativas en la presencia de documentales. Canal K3-33 logra, con mucha diferencia respecto del resto de televisiones autonómicas, una presencia de documentales casi equivalente a un cuarto del total de su programación. ETB-1 i Punt 2 le siguen con unos índices que casi se acercan al 10%. Luego existe un grupo de canales como TVG, TV3, CS2, TPA o IB3 que sus emisiones de documentales están entre el 3% y el 4% del total de sus emisiones. Las televisiones autonómicas continúan apostando por el género con piezas de producción propia o producción propia externalizada a unos modestos costes de producción y con unos formatos serializados que nos acercan a las realidades culturales de los diferentes territorios españoles. En este sentido, cabe destacar, en las últimas temporadas televisivas, dos series de documentales sobre naturaleza y patrimonio medioambiental que consiguieron unos índices de audiencia en torno al *share* del 30%: *Andalucía es de cine* emitida por Canal Sur, *Naturaleza gallega* de TVG, o *Caçadors de bolets* de TV3.

Emisión de documentales por años y cadenas, de 2004 a 2009. Elaboración de GECA a partir de datos de TNS Audiencia de medios

	2004				2005				2006				2007				2008				2009			
Cadenas NACIONALES	Emis.	(%)	Min.	(%)	Emis.	(%)	Min.	(%)	Emis.	(%)	Min.	(%)	Emis.	(%)	Min.	(%)	Emis.	(%)	Min.	(%)	Emis.	(%)	Min.	(%)
TVE1	59	0,4	2.778	0,6	33	0,2	2.289	0,4	187	1,1	2.927	0,5	38	0,2	2.244	0,3	94	0,5	2.612	0,4	240	1,3	10.483	1,4
TVE2	927	6,9	32.958	7,2	1.131	7,9	36.718	7,1	984	5,8	40.852	7,1	937	4,5	43.740	5,8	1.197	6,2	54.879	7,8	1.637	8,6	69.528	9,5
Antena 3	6	0,0	208	0,1	1	0,0	54	0,0	1	0,0	52	0,0	10	0,1	660	0,1	34	0,2	2.197	0,3	20	0,1	1.256	0,2
Cuatro*					3	0,0	239	0,1	27	0,2	1.716	0,3	100	0,5	5.563	0,7	68	0,4	3.338	0,5	376	2,0	22.622	3,1
Telecinco	6	0,0	115	0,0	5	0,0	210	0,0	6	0,0	180	0,0	20	0,1	1.102	0,2	58	0,3	3.676	0,5	16	0,1	553	0,1
laSexta**									192	1,1	9.936	1,7	1.321	6,4	46.402	6,1	1.274	6,6	45.185	6,4	1.318	6,9	54.351	7,4
Canal+***	428	3,2	19.763	4,3	533	3,7	23.178	4,5																
Total cad. nacionales	1.426	10,6	55.823	12,1	1.706	11,9	62.688	12,1	1.397	8,7	55.663	10,2	2.426	12,2	99.711	13,8	2.725	14,7	111.886	16,4	3.607	19,8	158.794	22,6
Cadenas AUTONÓMICAS	Emis.	(%)	Min.	(%)	Emis.	(%)	Min.	(%)	Emis.	(%)	Min.	(%)	Emis.	(%)	Min.	(%)	Emis.	(%)	Min.	(%)	Emis.	(%)	Min.	(%)
Canal Sur	202	1,5	2.932	0,6	181	1,3	3.782	0,7	823	4,9	3.271	0,6	200	1,0	4.068	0,5	259	1,4	8.000	1,1	196	1,0	6.806	0,9
CS2	674	5,0	20.909	4,5	552	3,8	16.944	3,3	1.033	6,1	18.286	3,2	1.028	5,0	31.869	4,2	913	4,8	31.251	4,4	867	4,6	32.053	4,4
TV3	399	3,0	11.916	2,6	162	1,1	6.820	1,3	105	0,6	4.025	0,7	123	0,6	5.867	0,8	30	0,2	1.404	0,2	505	2,7	28.517	3,9
K3-33	2.839	21,2	141.349	30,7	3.812	26,5	184.333	35,5	4.182	24,7	184.488	32,2	4.365	21,1	187.366	24,8	4.900	25,5	207.754	29,4	4.117	21,6	176.619	24,2
ETB1	1.639	12,2	54.122	11,8	1.820	12,6	63.795	12,3	2.089	12,3	74.775	13,1	1.958	9,5	71.080	9,4	1.888	9,8	67.088	9,5	1.825	9,6	67.180	9,2
ETB2	839	6,3	27.042	5,9	1.056	7,3	33.146	6,4	1.080	6,4	31.178	5,4	1.264	6,1	39.375	5,2	906	4,7	32.984	4,7	611	3,2	23.489	3,2
TVG	1.377	10,3	23.826	5,2	1.173	8,2	18.509	3,6	1.033	6,1	17.583	3,1	1.091	5,3	19.617	2,6	995	5,2	17.711	2,5	1.244	6,5	20.912	2,9
Telemadrid	355	2,7	12.529	2,7	422	2,9	16.441	3,2	453	2,7	20.120	3,5	470	2,3	17.365	2,3	578	3,0	21.359	3,0	454	2,4	19.650	2,7
Canal 9	12	0,1	659	0,1	55	0,4	1.585	0,3	162	1,0	5.534	1,0	517	2,5	20.775	2,8	289	1,5	12.505	1,8	107	0,6	3.018	0,4
Punt2	1.221	9,1	48.410	10,5	1.772	12,3	64.404	12,4	2.000	11,8	77.338	13,5	2.727	13,2	94.472	12,5	2.000	10,4	76.419	10,8	1.888	9,9	69.854	9,6
TV Canarias	2.314	17,3	57.442	12,5	1.507	10,5	39.760	7,7	1.313	7,8	39.035	6,8	983	4,8	33.963	4,5	476	2,5	15.537	2,2	290	1,5	9.829	1,3
CMT	113	0,8	3.359	0,7	177	1,2	7.619	1,5	130	0,8	3.873	0,7	281	1,4	7.199	1,0	255	1,3	6.782	1,0	388	2,0	13.981	1,9
TPA									61	0,4	2.138	0,4	669	3,2	19.189	2,5	740	3,9	19.819	2,8	713	3,8	23.393	3,2
ATV									33	0,2	1.094	0,2	307	1,5	11.059	1,5	453	2,4	15.787	2,2	301	1,6	10.905	1,5
IB3									194	1,2	6.382	1,1	1.243	6,0	54.352	7,2	712	3,7	24.427	3,5	844	4,4	29.737	4,1
7RM									33	0,2	1.112	0,2	192	0,9	6.795	0,9	373	1,9	12.560	1,8	250	1,3	7.565	1,0
Total autonómicas	11.984	89,4	404.495	87,9	12.689	88,2	457.138	87,9	14.724	91,3	490.231	89,8	17.418	87,8	624.412	86,2	15.767	85,3	571.387	83,6	14.600	80,2	543.508	77,4
Total Documentales	13.410	100,0	460.318	100,0	14.395	100,0	519.826	100,0	16.121	100,0	545.894	100,0	19.844	100,0	724.123	100,0	18.492	100,0	683.273	100,0	18.207	100,0	702.302	100,0

* Desde noviembre de 2005 / ** desde abril 2006 / *** hasta noviembre de 2005

Pero lo más destacado es el espectacular crecimiento de las producciones españolas, que continúan intensificando su presencia en las pantallas en los últimos años. Este fenómeno pone de manifiesto la consolidación paulatina de la industria del documental en nuestro país, respecto de las producciones europeas y americanas. Desde la producción independiente se está abasteciendo, en los últimos años, la producción propia externalizada de muchas cadenas, cosa que ha producido una floreciente especialización en la producción audiovisual española. Esta modalidad de producción se alterna con la producción interna (*in house*) de muchos canales autonómicos que llevan a cabo producciones más versátiles y de bajo coste, pero que cubren perfectamente sus objetivos televisivos como medios de titularidad pública con una aproximación significativa a los valores culturales de proximidad de sus espectadores.

Por otra parte, se empiezan a comprar, aunque de forma incipiente, documentales de otras áreas culturales, como es el caso de varios formatos y modalidades de documentales procedentes de Hispanoamérica y de los países del este europeo. No cabe duda de que la normalización en el consumo televisivo de documentales empieza a ser una realidad emergente en nuestra multidifusión televisiva.

No ocurre lo mismo en la exhibición cinematográfica, en donde *Nómadas del viento* sí consiguió una taquilla respetable, mientras que *Deep Blue* no tuvo unos resultados tan aceptables, tal vez porque se antepuso su estreno serializado en las principales cadenas televisivas. Por el contrario, las dos series de documentales de naturaleza de la BBC, *Planeta azul* (2001) y *Planeta Tierra* (2006), han conseguido una presencia signicativa en todas las pantallas. Por otra parte, documentales de naturaleza producidos en cine o alta definición como *Las montañas del lobo* (2002) o *Lince Ibérico: el cazador solitario* (2006) de Joaquín Guitiérez Acha, o *Georgia del Sur: vida bajo los furiosos cincuenta* (2002), *Korubo morir matando* (2004), son relatos únicos que pueden catalogarse como documentales de autor, con un formato propiamente cinematográfico, cosa que debería propiciar su exhibición en salas de cine, dado su alto nivel en calidad de las imágenes y su buena construcción narrativa.

Esto quiere decir que cada vez disponemos de mejores profesionales y realizadores de documentales sobre la naturaleza, así como equipos de filmación televisiva en alta definición y en 3D que propician el diseño y desarrollo de documentales de naturaleza de gran formato, destinados a la exhibición inicial en salas de cine y su posterior difusión televisiva. Es de esperar que, con la llegada del cine digital y su exhibición en mini-salas, ésta sea una práctica habitual, cosa que dignificaría el género documental y el cine científico prestaría mayor atención a los documentales sobre la naturaleza, como una apuesta creativa con verdadero sentido y tratamiento cinematográfico. Las exhibiciones de cine electrónico en salas adecuadas y su distribución digitalizada podrán llevar los productos cinematográficos a cualquier ciudad o latitud, mientras que la TDT, la difusión satelital televisiva o los diferentes contenedores a través de la red, ya permiten la exhibición televisiva en alta definición. No cabe duda de que nos encontramos en los inicios de otra modalidad de producir documentales de naturaleza en la era digital. Esta vez, los avances en las tecnologías de adquisición y edición en alta definición vuelven a situar al género documental en sus orígenes cinematográficos del cine científico.

Bibliografía

BARNOUW, E. (1996): *El documental. Historia y estilo.* Barcelona: Gedisa.

BUSTAMANTE, E. y ZALLO, R. (1988): *Las industrias culturales en España. Grupos multimedia y transnacionales.* Madrid: AKAL.

BUSTAMANTE, E. (1999): *La televisión económica. Financiación, estrategias y mercado.* Barcelona: Gedisa,

CONTRERAS, J.M. y PALACIO, M. (2001): *La Programación Televisiva.* Madrid: Síntesis.

DÍAZ, L. (1994): *La televisión en España (1949-1995.* Madrid: Alianza Editorial.

FRANCÉS, M. (2003): *La producción de documentales en la era digital.* Madrid: Cátedra.

JACOBSEN, U. y HANSEN, G. (1995): *The european documentary sector. Production, financing and television programing.* Copenhague: Documentary.

LEÓN, B. (1999): *El documental de divulgación científica.* Barcelona: Paidós.

RICHERI, G. (1983): *La televisión: entre servicio público y negocio.* Barcelona: Gustavo Gili.

SERRANO, M. (2001): "Documentales y animación. Cara y cruz del negocio televisivo español." En *Revista de la Academia de la Televisión.* Madrid. Febrero, pags. 35-39.

Entrevistas

Cortés, José Angel (2001). *Los documentales en la paleotelevisión, la neotelevisión y el narrow casting*. Madrid: Universidad Cardenal Herrera CEU.

Pérez Ornia, José Ramón (2000). *La caida de la presencia de documentales en la programación de la televisión comercial*. Madrid: Universidad Complutense.

Folch, Ramón (2000). *Una nova concepció dels documentals de natura*. Setep. Barcelona: Audiovisuals.

Printed in Dunstable, United Kingdom

91230510R00086